波能转换装置砰击与效率

孙士艳 著

哈爾濱工程大学出版社
Harbin Engineering University Press

内容简介

本书以理想流体假设为前提，专注于研究全非线性边界条件下波能转换装置的水动力特性、在破碎波中的砰击现象，以及运动和效率问题。书中介绍了波浪装置的发展背景、波浪能分布、国内外波能装置、可应用于波浪能装置的数值方法；介绍了完全非线性时域分析的基本理论，采用此理论对波能转换装置进行研究，此外还介绍了几种常用的非线性波浪解析或数值解，讨论了二维物体在非线性规则波中的水动力性能，为后续波能转换装置的砰击与效率研究奠定基础。书中还讨论了波能转换装置在破碎波中的砰击现象、摆板式波能转换装置在波浪中的翻卷射流现象、波能转换装置在波浪中的非线性和线性运动公式，以及相应的效率计算和分析方法。

本书既可作为研究生相应课程的教材，又可作为本科生相关教材的参考资料，还可为从事船舶与海洋工程相关专业工作的科技人员提供一些参考。

图书在版编目(CIP)数据

波能转换装置砰击与效率/孙士艳著. —哈尔滨：哈尔滨工程大学出版社，2019. 10

ISBN 978－7－5661－2458－6

Ⅰ. ①波…　Ⅱ. ①孙…　Ⅲ. ①波浪能－水力发电－机电设备－砰击－研究 ②波浪能－水力发电－机电设备－电能效率－研究　Ⅳ. TV734

中国版本图书馆 CIP 数据核字(2019)第 206512 号

波能转换装置砰击与效率

BONENG ZHUANHUAN ZHUANGZHI PENGJI YU XIAOLÜ

选题策划 夏飞洋
责任编辑 王俊一　王雨石
封面设计 李海波

出版发行 哈尔滨工程大学出版社
社　　址 哈尔滨市南岗区南通大街 145 号
邮政编码 150001
发行电话 0451－82519328
传　　真 0451－82519699
经　　销 新华书店
印　　刷 北京中石油彩色印刷有限责任公司
开　　本 787 mm×960 mm　1/16
印　　张 10
字　　数 165 千字
版　　次 2019 年 10 月第 1 版
印　　次 2019 年 10 月第 1 次印刷
定　　价 38.00 元

http://www.hrbeupress.com
E-mail:heupress@hrbeu.edu.cn

前　　言

波浪能作为一种取之不竭的可再生清洁能源，具有密度高和分布广等特点。波浪能等可再生能源的开发和利用将对解决能源危机、环境污染和气候变化等问题发挥巨大的作用。为此，波能转换装置应运而生。它是一种专门安装于海洋的吸收波能的装置，本书专门对该装置的水动力性能和效率问题进行深入的研究。

本书以理想流体假设为前提，专注于研究全非线性边界条件下波能转换装置的水动力特性、在破碎波中的砰击现象，以及运动和效率问题。全书分为7章，第1章介绍了波浪能装置的发展背景、波浪能分布、国内外波浪能装置、可应用于波浪能装置水动力性能分析的数值方法；第2章介绍了完全非线性时域分析的基本理论，本书将采用此理论对波能转换装置进行研究，此外还介绍了几种常用的非线性波浪解析或数值解；第3章讨论了二维物体在非线性规则波中的水动力性能，为后续波能转换装置的砰击与效率研究奠定基础；第4章讨论了波能转换装置在破碎波中的砰击现象；第5章讨论了摆板式波能转换装置在波浪中的翻卷射流现象；第6章介绍了摆板式波能转换装置在波浪中的非线性和线性运动公式，以及相应的效率计算和分析方法；第7章讨论了两个典型摆板式波能转换装置在斯托克斯波中的运动和效率问题。

本书在介绍摆板式装置在波浪中的翻卷射流现象时，采用了区域分解技术，区域分解技术并不是新技术。但是将区域分解技术用于翻卷射流的二次入水，则是一个新的尝试，即将全部计算域拆分成两个子域，一个是主流体域部分，另一个是翻卷射流部分，在截断边界上施加压力和速度连续性边界条件，在截断边界上建立两个子域之间的联系，这样翻卷射流可不受主流体域干扰自由入水。在考虑破碎波砰击波能装置时，由于砰击区域是从一个点开始逐步扩大，且流场物理量在发生砰击后将经历快速的时空变化，因此精确模拟局部砰击是十分困难的，本书将采用双重坐标系技术处理此问题，即除在物理坐标系下建立主流体域以外，还在砰击发生区域建立一个局部砰击域，在局部砰击内采用伸缩坐标系精确求解流场物理量。

本书着重讲解了非线性波浪与波能转换装置相互作用的数值实现过程，为在此领域学习的学生提供了一个详细的参考思路。

由于著者水平有限，书中难免存在不妥和错误之处，恳请读者批评指正。

著　者

2019 年 6 月

目　　录

第1章　绪　　论

1.1　波浪能装置的发展背景

随着科技进步，社会经济飞速发展，人类生活水平和社会生产力水平也随之大幅提升。然而，人类社会对能源的需求和不可再生能源供应之间的矛盾也日益突出，例如煤炭、石油、天然气等传统化石能源的储量越来越少。据统计，目前世界已探明，可开采的不可再生能源中，煤炭资源还可使用100年，石油为30～40年，天然气为50～60年。此外，化石能源燃料在燃烧时，会产生一氧化碳、二氧化碳及可吸入颗粒物等有害物质，严重污染了人类的生存环境，威胁着人类的生命安全。由于二氧化碳的过度排放，温室效应加剧、全球气候变暖、生物物种多样性降低、土地荒漠化严重，人类社会的生态环境面临着巨大的威胁。如果不采取有效措施，这种不良的状况将继续恶化。因此，近几十年来，有效和充分利用各种可再生能源引起人们越来越广泛的兴趣和关注，新能源利用形式多种多样，包括波能、水能、风能及太阳能，等等。在实际工程中，一些技术已经发展得非常成熟，并且得到了广泛应用，截至2013年底，可再生能源的发电总量占全球发电量的份额约为22.1%，其中占比最高且技术最成熟的为水能和风能，水能约占16.4%，风能约占2.9%[1]。相比之下，波浪能并没有得到广泛研究和使用。化石燃料过度使用所引发的各种问题如图1.1所示。

(a)能源枯竭

(b)气候变化

(c)环境污染

图1.1　化石燃料过度使用所引发的各种问题

波浪发电是波浪能开发利用的主要方式，波能转换装置（wave energy converter，WEC）是专门应用于波浪发电的设备。它的工作原理是首先将波浪能转换成波能转换装置主体的机械能，然后通过能量输出系统将机械能转换成电能。本书将对波能转换装置在非线性规则波中运动的水动力问题和波能转换效率问题进行研究。通过强迫波能转换装置在非线性规则波中运动，来研究波能转换装置在波浪中的水动力性能，分析流体重力、波浪力和自由面变化对水动力性能的影响。通过建立波能转换装置在非线性波浪中的完全非线性耦合运动方程，来求解物体在波浪中的完全非线性运动，进而求解波能转换装置的能量转换效率，以此来研究波能吸收机理和提高装置效率的方法。然而，由于波浪能本身的不稳定、储量大、分布广和利用难等特点，这项技术的发展仍然会面临很多挑战。此外，海洋环境复杂多变，应用于海洋之中的波能转换装置还容易受到海洋灾害性气候的侵袭。因此，我们对于波浪能的利用和发展，还有很多艰巨的难题需要解决。

1.2 波浪能分布

波能的源泉是太阳能，地球表面的热差异形成了风，在风的作用下形成了波浪。起风时，风摩擦水面，平静的水面便会出现水波。随着风速的增大，波峰越来越明显，并且相邻两波峰之间的距离也逐渐增大。但是波峰并不会无限增大，当风速增大到一定程度时，波峰会发生破碎。波浪能为海洋表面波浪所具有的动能和势能，其数量与迎波面的宽度、波高的平方及波浪的运动周期成正比。

1.2.1 世界波浪能分布

波浪能是一种可再生、无碳，并且有潜力为人类社会未来能源供给做出重要贡献的清洁能源。全球的波浪能总量非常巨大，由于多种因素的影响，目前只有一小部分波能具有被开发的可能性，但是即使是一小部分，其数量也是非常可观的。影响波能开发与利用的主要因素包括：

（1）技术因素、波能转换装置的效率限制，以及机械系统或电力系统的损耗。

(2)环境、航运及影响波能海上开发的其他因素。

(3)地理位置,能量储备最丰富的区域通常是离居住区几千里之外的远海。

图 1.2 给出了世界平均波浪能的分布,单位是 kW/m。由图可知,世界上风力最大的区域通常在偏北或者偏南部地区,能量最大的区域分布在大西洋和太平洋北部边缘,以及太平洋南部边缘和一些南部海洋。此外,还有一小部分高能量区域接近居住区。

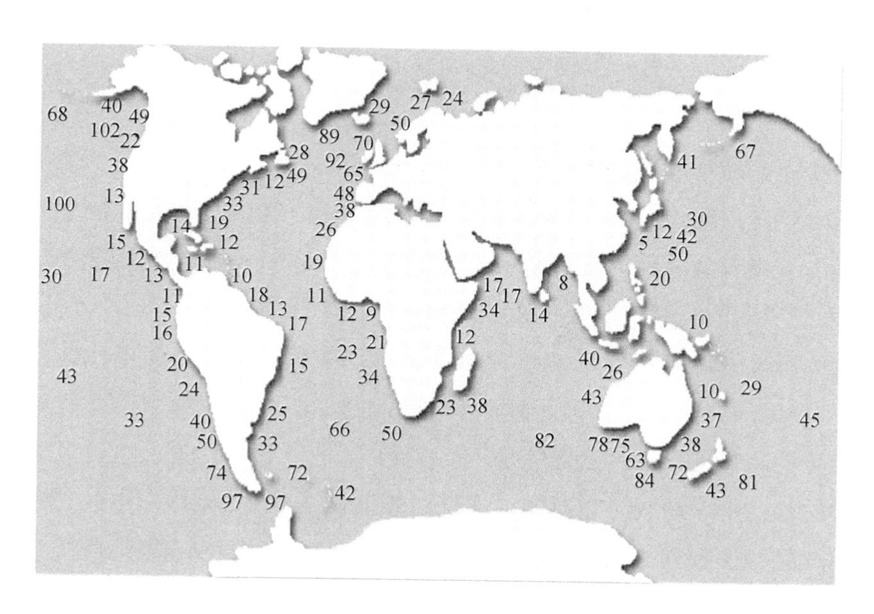

图 1.2 世界平均波浪能的分布[2]

1.2.2 我国丰富的波浪能

我国是海洋大国,从渤海、黄海、东海到南海,总面积超过 470 万平方千米,海岸线总长度超过 3.2 万千米,其中大陆岸线 1.8 万多千米,岛屿岸线 1.4 万多千米,拥有 6 500 多个大小岛屿,沿海平均波高在 1 m 左右,估计波浪能蕴藏量可达 1.5 亿千瓦[3]。

通过对波浪观测资料进行计算和统计可知,我国沿岸地区波浪能资源分布很不均匀,平均波浪能资源理论平均功率为 1 285.22 万千瓦。其中,台湾岛沿岸的波浪能资源分布最多,约占全国总量的 1/3,数量为 429 万千瓦;浙江、广东、福建和山东沿岸的波浪能资源分布相对比较丰富,为 160 ~ 205 万千瓦。除了以上省份，其他省市沿岸波浪能资源分布很少，仅为 56 ~ 143 万千瓦。分布最少的沿岸省份为广西，仅 8.1 万千瓦。全国沿岸波浪能密度（kW/m）分布的定义为波浪在单位时间通过单位波峰的能量，以浙江中部、台湾、福建海坛岛以北、渤海海峡为最大，达 5.11 ~ 7.73 kW/m[4,5]。

1.3 国内外波浪能装置

1.3.1 深海波能转换装置

优秀波能转换装置的设计目标为将分散的、自由的、不断变化的波浪力转变为集中并且直接的力，在小波浪中机械装置能有效运转，在大波浪中波能转换装置也不会因为承受的环境载荷过大而发生损坏。大部分波能存在于深海之中，因此早期的波能转换装置通常是设计应用于深海之中的[6-13]。

点头鸭波能转换装置（Salter's duck）[6]起源于 20 世纪 70 年代的石油危机，并且是美国波能计划中较早的设计之一。Salter[6]认为对刚性连接到海床的波能转换装置进行大尺度安装是不切实际的，他认为可以进行大尺度安装的设备必须是自由悬浮或者漂浮的。在这一想法的支撑下，他提出了外形酷似点头鸭的波能转换装置的设计，该项装置以高效率和奇特的外形所著称，它的尾部为足够大半径圆型，首部为点式形状，在波浪中运动时酷似一只鸭子在不停地点头，故而命名为点头鸭。从理论上讲，点头鸭吸收波能的效率非常高，可以达到 80% 以上。然而，这个效率是在实验室测试中得到的。在复杂多变的实际海况中，点头鸭的效率非常不稳定，一般会下降到 50% 左右。为了转化足够的能量，通常需要将点头鸭置于大浪之中。而在平静海况中，由于没有足够波能用于转化，点头鸭装置此时会无法有效运转[7]。

另外一个有趣的波能转换装置为海蛇（Pelamis）[8]，该设备是由一系列半潜圆柱铰接而成的，在波浪中漂浮时，就像一只巨大的海蛇漂浮于水面之上。海蛇内部组件在波浪涌过海蛇时上下左右运动，使半潜圆柱之间的连接管道发生弯曲，泵动其中的高压油液推动液压马达，继而带动发电机组运转。设备的细长外形及剖面形状的低阻尼使设备承受的各种水动力载荷包括惯性力、阻尼力及恶劣海况下的砰击力等大大降低。设备随波而动，设备的形状随着波浪形状的变化而发生改变。在波浪破碎之前,设备的形状会达到一个极限曲率,这就限制了设备在恶劣海况下运动所能达到的极限值,此外在小波浪时,该装置仍然能保持一定的运动使得设备有效运转。

其他设计应用于深海的著名案例包括共振浮子[9]和阿基米德水翼(AWS)等[13],它们都是依赖于浮体在波浪中的垂荡来吸收能量的。这几类波能转换装置在结构构造和能量输出机理上会有一些变化,但是它们有一个共同的特性就是波能可以被直接转化为刚性体的振荡运动,然后直接驱动发电装置进行发电,如图 1.3 所示。

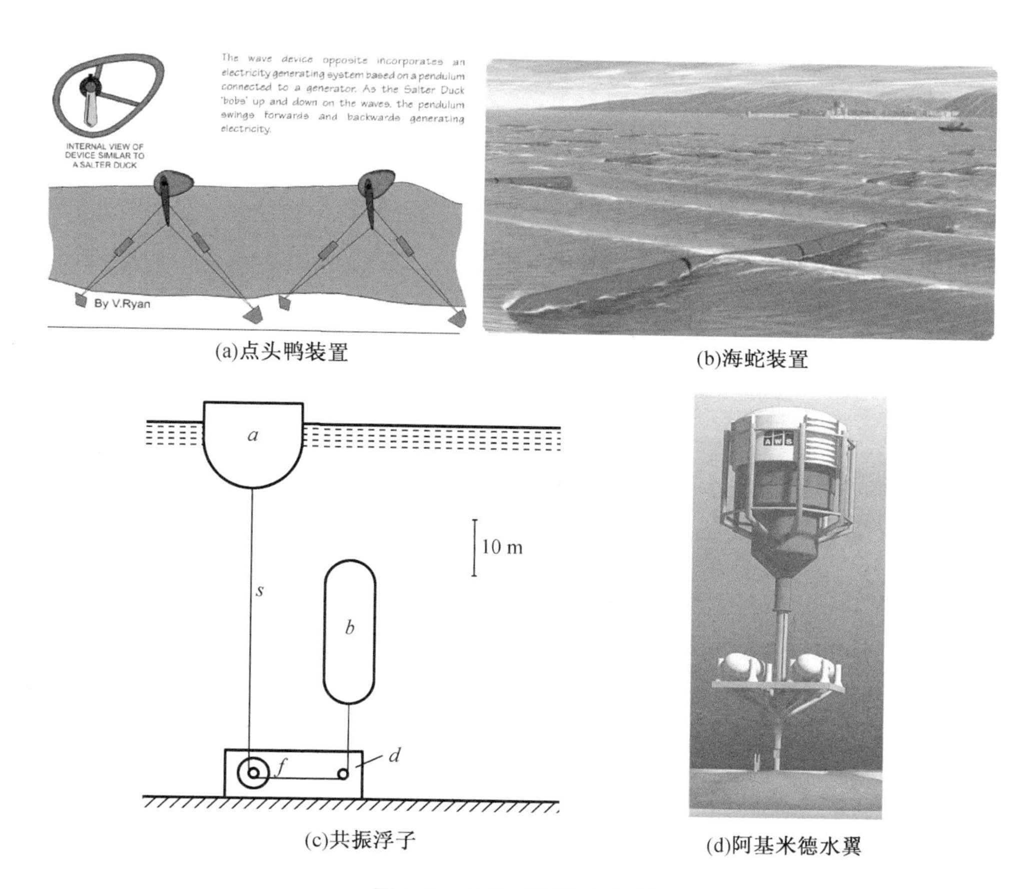

(a)点头鸭装置

(b)海蛇装置

(c)共振浮子

(d)阿基米德水翼

图 1.3 各种波能转换装置

还有一类根植于深海但需要依赖于深海平台的波能转换装置,其中最著名的两个案例为龙式波能转换装置(Wave Dragon)[14]和巨鲸(Mighty Whale)[15],

如图 1.4 所示。龙式波能转换装置属于一种越浪式的深海平台波能转换装置。曲线形的反射壁将来波聚焦到坡道上，最后被收集到一个水库，聚集在水库中的水经由水库底部出口流出，水体在流出过程中会经过一个或多个水轮机，波浪的势能最终转化为电能。龙式波能转换装置的工作原理类似于水坝。巨鲸是漂浮于深海的波能转换平台，在平台前端设置一些柱状外壳的气囊，由于气囊内部的波面起伏，气囊内部空气压力不断变化，压缩空气将带动气轮机旋转，波能最终转化成电能。这种在柱状气囊内部利用波浪运动压缩空气来转化波能的设备通常称为振荡水柱设备（OWC）。

(a)龙式波能转换装置

(b)巨鲸波能转换平台

图 1.4　依赖于深海平台的波能转换装置

1.3.2　岸式振荡水柱设备

振荡水柱设备通常被设置于岸边，艾拉岛 Limpet 振荡水柱设备如图 1.5 所示。岸式振荡水柱设备的设计为靠岸边布置气囊，波浪涌向岸边，气囊内部波面升高，气囊内部空气被压缩，压力增大，退潮时，波面降低，气囊内部空气压力减小，如此往复，气囊内部空气压力的周期性变化带动气轮机旋转，波能最终转换成电能。与深海波能转换装置相比，靠岸式波能转换装置有其独有的优缺点。靠岸式波能发电装置一般被固定在岸边，因此不需要在深水区进行锚固和布置长距离的海底电缆设备，易于安装和维护。由于固定在岸边，岸式振荡水柱设备会受到岸线地形、海岸保护及潮差等因素的影响，并且波能利用率比较低。苏格兰的艾拉岛 Limpet[16] 和葡萄牙的 Pico 发电厂[17] 是海岸波能转换装置的两个著名原型。艾拉岛 Limpet 是世界上最早的连入商业电网的波能发电站。

英国波能公司与贝尔法斯特女王大学合作，在欧共体资助下于2000年在苏格兰的艾拉岛建设了500 kW的振荡水柱式的波力电站。

图1.5 艾拉岛 Limpet 振荡水柱设备

1.3.3 近海波能转换装置

最近几年，近海的波能资源引起了工业界和学术界越来越多的兴趣，这实际上是人们对波能本质进行重新理解的结果。不可否认，从总量上讲，近海的波能资源要远远小于深海的波能资源，这个结论是建立在波能的数量是以全部方向或者全部波能资源的总和来定义的，但是这种定义方法只是对那些波浪传播方向不敏感的设备有意义，例如轴对称的垂荡浮子。对于波浪传播方向敏感的设备来说，“可开发波能资源”的定义更加合理，它是以固定方向的入射波能量平均值来定义的，其中入射波能量的最大值不能超过平均值的4倍，或者说超过平均值4倍的高能量波将会按照平均能量的4倍来计入。基于这样一个新的定义，在许多海域，从深海到近海，波能的损失只有10% ~20%[18]。从工程和经济角度讲，将设备安装于近海有一系列的优点。从深海到近海，由于海底深度的变化，极限大波浪将会发生破碎，然后被过滤掉[19]，这种极限波浪通常不会带来波能转换装置效率的提升，反而会使波能转换设备容易发生砰击现象，进而影响设备的寿命。除此之外，由于传输距离缩短，将波能输送到海岸的电缆造价及电缆中的能量损失也会大幅降低。近海气候窗口期较短，在离海岸线更近及近海水深较浅等因素的影响下，安装和维修成本也会大大降低[20]。由于这些近海优势，近海波能转换装置在过去十年发展极其迅猛。

一个最典型的近海波能转换装置为 Oyster，如图 1.6 所示。Oyster 波能转换装置的形式实质上是一个浮式的，底部铰接于海底，顶部穿透自由表面的摇板。这种装置通常是布置于水深 10 ~ 15 m 的浅海之中，这一深度的海域通常被称为近海。它的两个全尺度原型分别于 2009 年和 2011 年夏被安装在苏格兰奥克尼群岛的欧洲海洋能源实验中心（EMEC）。Oyster 可以被归为振荡波涌转换装置（OWSC）的一种，在近海中，波浪中流体质点的水平运动加强，这种效应通常被称为“浅水效应”。振荡波涌转换装置是开发 10 ~ 20 m 近海并且利用“浅水效应”提高效率的一类波能技术[21]。在波浪的激励下，波能板前后摆动，产生的机械能用于将液体通过两个液压缸泵压到岸边，高压水被注入到传统发电装置以产生电能。对于近海波能转换装置，极少一部分运动组件和全部电力组件都被布置于岸边，这种设计对于装置抵抗苏格兰海岸的恶劣海况非常有利。

图 1.6　Oyster 波能转换装置

除了 Oyster，另外一个近海波能转换装置的典型代表为 WaveRoller[22]，如图 1.7 所示。WaveRoller 与 Oyster 的工作原理基本相同。波浪的周期性运动驱动波能板前后摆动，产生的机械能通过能量输出系统转化为电能。它与 Oyster 的主要区别为，WaveRoller 是完全淹没于水中的，而 Oyster 是穿透自由表面的。这种装置的优点是它可以有效地缓和波能板表面受到的砰击载荷，使波能转换装置在波浪中的生存能力变强，同时效率也不会大幅降低。此外，由于波能板在海中完全被淹没，海洋景观也不会受到影响。

图 1.7 WaveRoller 波能转换装置

1.3.4 我国波能转换装置

我国的波浪能利用技术研究始于 20 世纪 70 年代,1975 年,一台设计功率 1 kW 的波浪发电浮标[23]在浙江省嵊山岛进行海试,开启了我国波浪发电的新篇章。近年来,波浪能利用技术在我国迅速发展,获得了国家的大力支持。特别是在国家财政部和国家海洋局联合推动下,我国于 2010 年设立了海洋可再生能源专项资金,这是属于我国的首个海洋能专项支持计划。此后,很多科研院校和企业相继开展对海洋能利用技术的研发。

中国科学院广州能源所在国家 863 计划支持下研发了岸式振荡浮子式 50 kW 波浪发电装置[24],该装置的工作原理为,浮子在波浪作用下沿轨道周期性升降,波能转换为浮子的机械能,该装置通过能量输出系统机械能转化为电能。此类装置均被安装在岸线上,故其优势为便于安装和维修。另一具有代表性的岸式波浪发电装置是由中国国家海洋技术中心支持研发的摆式装置[24],将一个可摇摆的副翼悬挂于能量收集箱的开口端,另一端对波浪场开放,副翼在波浪的激励下发生周期性摇摆,使得波能转化为电能。国内其他的波浪能新技术研究工作主要包括中国船舶重工集团有限公司所开发的搜式液压波浪能发电装置,山东大学开发的漂浮式液压海浪发电站,中国科学院广州能源研究所所开发的点吸收式波浪能发电装置,中国科学院广州能源研究所所开发的鸭式一号、第二代鸭式波浪能发电装置、鹰式波浪能发电装置样机等。这些波能转换装置的成功研发为我国未来波能利用技术的发展奠定了坚实的基础。

1.4 可应用于波浪能装置的数值方法

1.4.1 频域理论

当波幅和物体运动幅值都是小量时,可采用线性频域理论对问题进行求解。将非线性边界条件在平均自由水面和平均物面上进行摄动展开,保留一阶项,得到线性边界条件。通过数值方法对满足线性边界条件的控制方程进行求解,得到流场内物体运动和受力等物理量的稳态解。由于频域理论只保留线性项,使问题得到大大简化,此理论方法已经应用到很多实际工程问题中,很多成熟的软件都是依据该理论研发的。当采用频域理论考虑非线性问题时,仍然可以对非线性边界条件进行泰勒或摄动展开,如果将泰勒或摄动展开的结果保留到二阶项,则得到二阶非线性频域理论,以此类推,可以得到三阶、四阶甚至更高阶的非线性频域理论,这样一来,原来的完全非线性问题将转化为各阶次的定解问题。有很多学者在这一方面展开了研究工作,并且已经取得很多成果,如 Eatock Taylor、Hung[25]、Molin[26]、Kim 和 Yue[27]等对单色波作用下的二阶波浪作用力问题做了大量的研究;对双色波作用下物体的二阶波浪力问题进行了系统研究。

1.4.2 时域理论

频域理论在应用的过程中有其局限性,只能得到运动问题的稳态解。而海洋结构物在运动过程中,会出现各种强非线性现象,如出水、上浪、砰击和弹振等,因此对海洋结构物的运动过程和瞬时时刻的受力进行研究是有必要的。基于此需求,时域理论得到发展,以此解决采用频域方法仍然无法解决的问题,如瞬时湿表面的变化和自由面形状的变化等。因此,时域理论受到人们越来越多的重视。

时域理论不断发展完善,根据其考虑非线性的程度可分为线性方法、二阶方法、物面非线性方法和完全非线性方法。但是时域方法也存在很多问题,最显著的问题为数值计算量比较大。然而,随着时代的发展,计算机水平在不断进步之中,该问题有望得以解决。因此,越来越多的海洋工程实际问题倾向于在时域理论内进行求解。

1. 线性、二阶方法

线性时域与线性频域方法的基本思想是一样的，或者说两者考虑非线性的程度是一样的，两种方法有着相同的控制方程和边界条件。在控制方程和边界条件的处理上，线性时域理论同线性频域理论一样，采用泰勒或摄动展开的方法对边界条件进行分解，结果只保留一阶项。通过这个展开以及简化的过程，使得瞬时物面和自由面条件分别在平均物面和静水面上满足。因此，基于线性时域理论，在每个时间步采用的计算域是固定的。也就是说在整个时间历程内只需要求解一次积分方程的系数矩阵，大大节约了计算时间。Adachi、Ohmatsu[30]、Yeung[31]、Zhang 和 Dai[32] 均采用线性时域方法对实际问题进行了研究，并且将结果与线性频域理论得到的结果进行了对比，数值结果吻合非常好，这是由于两者的控制方程和边界条件是完全相同的。无论频域线性理论，还是时域线性理论，当非线性稍强的时候，其计算结果与线性理论结果都会有很大偏差，这是由于线性理论忽略了非线性因素，为此，有学者提出将泰勒级数保留到二阶，忽略二阶以上的高阶项，由此得到了二阶时域方法。

2. 物面非线性方法

在处理非线性问题时，线性和二阶时域方法仍然简化和忽略很多非线性因素，包括物面法向随时间的变化和瞬时湿表面随时间的变化等。当非线性程度较强或者物体运动幅度较大时，这些因素的忽略对数值计算结果的准确性影响很大。此时，线性时域理论甚至是二阶时域理论将不再适用。对于很多浮式结构物，物面瞬时湿面积的变化对结果的影响占主要作用。因此，国内一些学者提出了基于线性切片理论的时域修正方法。例如，刘应中和贺五洲等[33, 34]在计算入射力和复原力时考虑瞬时湿面积的变化；张进峰等[35]在计算入射力和复原力时，在考虑瞬时湿面积变化的基础上，又加入了上浪力。相对于线性和二阶方法，时域修正方法在工程应用上不仅方法简单，计算时间短，还可以大幅度提高载荷预报的准确性。需要指出，时域修正方法在计算辐射力和绕射力时采用的是线性频域结果。由于考虑物面非线性要比考虑自由面非线性简单得多，因而，很多学者提出了物面非线性理论，在自由面上满足线性自由面条件和在瞬时湿表面满足物面边界条件为这一理论需要满足的基本条件。

3. 完全非线性方法

当海洋结构物遭遇强浪时，一些强非线性现象在此情况下出现，如上浪、砰击、弹振、波浪翻卷和二次砰击等。此时，物面非线性理论也不足以满足强非线性的需要，需要采用完全非线性理论对数学模型进行求解。目前，已经有学者采用各种数值方法对完全非线性问题进行研究。例如，Longuet-Higgins 和 Cokelet[36] 在研究二维波浪的非线性变形时提出了混合欧拉拉格朗日法，其基本思想为追踪流体质点，即采用拉格朗日法更新自由表面。国内外有很多学者采用完全非线性方法研究实际工程问题，如杨驰和刘应中[37]，Yang 和 Ertekin[38] 在研究波浪绕射问题时采用完全非线性方法；Sagnita 和 Debatrata[39,40] 采用完全非线性方法研究二维辐射及绕射问题。Wu[41] 在研究入水砰击问题时，也采用了完全非线性理论。采用完全非线性理论对实际工程的模拟更加真实，因此其数值结果更加准确。但是在每一时刻，物面和自由面都在变化，因此，在每一时间步都需要求解一次边界积分，这对计算机的计算速度和储存能力提出了很高的要求。

第2章　完全非线性时域分析的基本理论

本章给出了波能转换装置在波浪中运动的基本理论和数值模型,用于求解有限水深和无限水深非线性规则波中波能转换装置在运动过程中受到的水动力。采用边界元方法对物理模型进行求解,在瞬时物面和未知的自由液面上同时施加非线性边界条件。假设流场无旋、无黏及不可压缩,流体运动满足拉普拉斯方程。采用格林第三公式将拉普拉斯方程写成边界积分方程的形式,全部边界被离散成一系列线性单元。求解边界积分方程,得到所有边界的速度势和速度势法向导数。然后,应用动力学边界条件更新自由面的速度势,应用运动学边界条件更新波面起伏,自由面的时间积分方法选为四阶龙格-库塔法。本章最后介绍了一些应用于边界元法的数值处理技巧,以及几个常用的非线性规则波公式。

2.1　坐标系定义

图2.1给出了二维波能转换装置在波浪中进行三自由度运动的示意图。波能转换装置在波浪作用下进行垂荡、横荡和旋转运动。在入射波浪持续的周期性激励下,波能转换装置进行持续的周期性运动。波能转换装置吸收一部分入射波能量,将波能转化为机械能,转化的机械能最后被传递给能量输出装置以转化成电能。将波能转换装置的垂向运动速度和水平运动速度用 U 表示,旋转速度用 Ω 表示。笛卡儿直角坐标系 $O-xy$ 的原点 O 设置在平均水面上。x 方向为水平方向,y 方向为竖直方向。

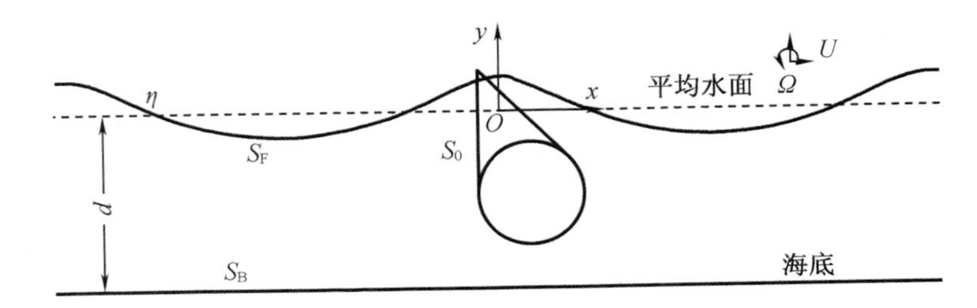

图 2.1 二维波能转换装置在波浪中进行三自由度运动示意图

2.2 数值过程

2.2.1 控制方程与完全非线性边界条件

假设流体是无黏性的、无旋的及不可压缩的,可以引入其梯度与流体速度相等的速度势 φ 来描述流场。在流体域内,速度势 φ 满足拉普拉斯方程

$$\nabla^2\varphi = 0 \tag{2.1}$$

在瞬时自由表面 S_F 上,考虑重力影响的动力学边界条件和运动学边界条件的拉格朗日形式的表达式分别为

$$\frac{\mathrm{D}\varphi}{\mathrm{D}t} = \frac{1}{2}(\varphi_x^2 + \varphi_y^2) - g\eta \tag{2.2}$$

$$\frac{\mathrm{D}\boldsymbol{X}}{\mathrm{D}t} = \nabla\varphi \tag{2.3}$$

式中,$\boldsymbol{X} = (x, y)$ 为自由表面上流体质点的位置矢量,$y = \eta(x, t)$ 为定义在自由表面的波面起伏。公式(2.2)中的最后一项来源于重力的影响。在波能板的瞬时湿表面 S_0,基于不可穿透物面边界条件,流体质点沿物面法线方向的速度分量和物面法向速度完全相等,其表达式为

$$\frac{\partial\varphi}{\partial n} = (\boldsymbol{U} + \boldsymbol{\Omega} \times \boldsymbol{r}) \cdot \boldsymbol{n} \tag{2.4}$$

式中,$\boldsymbol{n} = (n_x, n_y)$ 为物体法向,指向流体域外为正。在流体域底部,假定海底是水平的,而且不透水。在底部 $y = -d$ 有

$$\frac{\partial\varphi}{\partial n} = 0 \tag{2.5}$$

公式(2.5)也为适用于无限水深情况的底部边界条件。在和物体距离足够

远的远方边界，由物体运动引起的流场扰动逐渐消失，远方边界的流体速度趋近于入射波的速度。因此可以将远场边界条件表达为

$$\nabla\varphi = \nabla\varphi_I \tag{2.6}$$

在时域分析中，初始条件的选择会直接影响到问题的性质和数值结果的准确性。如入水问题，在初始时刻选择太大的入水距离，显然，问题的性质便会发生改变。初始条件的选择直接影响到某个特定运动的发展。在初始时刻 $t=0$，确定场内各点相应的物理量，自由表面的速度势和波面起伏可分别取为 F 和 G，即

$$\varphi(x,y,t=0) = F, y(x,t=0) = G \tag{2.7}$$

初始时刻 F 和 G 的结果与初始相位的选择及入射波参数等设置有关。

2.2.2 边界积分公式

基于格林第三公式，可以将流体域内的拉普拉斯方程转化为一个封闭边界的积分方程

$$A(p)\varphi(p) = \int_S \left((\ln r_{pq} \frac{\partial\varphi(q)}{\partial n_q} - \varphi(q)\frac{\partial \ln r_{pq}}{\partial n_q}\right) \mathrm{d}l_q \tag{2.8}$$

式中，S 表示整个封闭边界，其中包括物体表面 S_0、自由表面 S_F、底部 S_B 及远方控制面；$A(p)$ 为场点 p 的立体角；r_{pq} 是从场点 p 到源点 q 的距离。边界积分公式确立以后，采用线性单元将全部边界进行离散，更确切地说，所有边界将被划分为许多变量在单元内部线性分布的直线单元。在每个单元内部，有如下线性关系

$$\boldsymbol{r} = x\boldsymbol{i} + y\boldsymbol{j} = \sum_{k=1}^{2} h^k(u) \cdot \boldsymbol{r}_k \tag{2.9}$$

$$\varphi = \sum_{k=1}^{2} h^k(u) \cdot \varphi_k \tag{2.10}$$

式中，$\boldsymbol{r}$ 是位置向量；u 为局部变量，在每个单元内部有 $0 \leqslant u \leqslant 1$；$h^k(u)$ 为线性单元的形函数，对于线性单元 $h^1(u) = 1-u, h^2(u) = u$。将公式(2.9)和公式(2.10)代入公式(2.8)，边界积分公式则可转化为如下形式

$$A(p)\varphi(p) = \sum_{j=1}^{N_e}\int_0^1 \ln r_{pq} \sum_{i=1}^{2} h^i(u)\frac{\partial\varphi_j^i(q)}{\partial n} l_j \mathrm{d}u - \sum_{j=1}^{N_e}\int_0^1 \frac{\partial \ln r_{pq}}{\partial n}\sum_{i=1}^{2} h^i(u)\varphi_j^i(q) l_j \mathrm{d}u \tag{2.11}$$

式中，N_e 表示全部单元数；l_j 为每个单元的长度。公式(2.11)中每个线性单元内部积分的解析公式可以参考(Lu，He 和 Wu[42])，将公式(2.11)写成矩阵形式，则有

$$\boldsymbol{H}_{N_d\times N_d}[\varphi]_{N_d}=\boldsymbol{G}_{N_d\times N_d}\left[\frac{\partial\varphi}{\partial n}\right]_{N_d} \tag{2.12}$$

式中，N_d 为整个封闭边界的全部单元数；矩阵 $\boldsymbol{H}$ 和 $\boldsymbol{G}$ 分别代表格林函数 $\frac{\partial\ln r_{pq}}{\partial n}$ 和 $\ln r_{pq}$ 在每个线性单元积分的结果。物面上的法向导数及自由面上的速度势在每个时刻都是已知的，未知的物理量为物面的速度势和自由面上的法向导数。为了便于求解，将未知的物理量移到等式右侧，此时，公式(2.12)转变为

$$\begin{bmatrix}-G_{ss} & H_{sf}\\ -G_{fs} & H_{ff}\end{bmatrix}\cdot\begin{bmatrix}\varphi_{Dns}\\ \varphi_{Df}\end{bmatrix}=\begin{bmatrix}G_{sf} & -H_{ss}\\ G_{ff} & -H_{fs}\end{bmatrix}\cdot\begin{bmatrix}\varphi_{Dnf}\\ \varphi_{Ds}\end{bmatrix} \tag{2.13}$$

式中，φ_{Dns} 和 φ_{Dnf} 分别表示物面和自由面的速度势法向导数；而 φ_{Ds} 和 φ_{Df} 分别表示物面速度势和自由面速度势。一旦边界积分方程(2.11)和方程(2.13)得到求解，物面速度势 φ_{Ds} 及自由面的速度势法向导数 φ_{Dnf} 可以得到求解。此时便可以知道全部边界的速度势及速度势法向导数。在下一时刻，自由面速度势可以通过非线性动力学边界条件更新，自由面新位置可以通过非线性运动学条件得到。然而，进行更新必须首先知道自由面的速度势梯度，为此我们建立一组二元一次方程组[43]，通过速度势及速度势法向导数的结果将速度势梯度的结果表达出来

$$\varphi_{Du}=\varphi_{Dx}\cdot x_u+\varphi_{Dy}\cdot y_u \tag{2.14}$$

$$\varphi_{Dn}=\varphi_{Dx}n_x+\varphi_{Dy}n_y=\sum_{k=1}^{2}h_k(u)\varphi_{Dnk} \tag{2.15}$$

式中，φ_{Dn} 是指速度势法向导数；φ_{Du} 表示速度势 φ 沿着曲线切线方向的导数。通过以上两个方程，根据物面和自由面已知的速度势与速度势法向导数，就可以求解出速度势梯度 $\nabla\varphi$。

2.2.3 压力求解

物体表面任意一点的压力可以通过伯努利方程来求解，假设大气压力为0，则

$$p=-\rho\left(\varphi_t+\frac{1}{2}|\nabla\varphi|^2+gy\right) \tag{2.16}$$

压力公式(2.16)中的速度势 φ 及其梯度已经在2.2.2节得到解决,但是必须注意到,速度势的时间偏导数 φ_t 并没有显式表达式,这会对压力求解造成一些困难。本书在这里将采用辅助函数法来处理这个问题[44,45]。流体域内,φ_t 满足拉普拉斯方程。并且根据 Wu[41] 的推导,在物体表面,φ_t 法向导数的表达式可以写为

$$\frac{\partial \varphi_t}{\partial n} = (\dot{\boldsymbol{U}} + \dot{\boldsymbol{\Omega}} \times \boldsymbol{r}) \cdot \boldsymbol{n} - \boldsymbol{U} \cdot \frac{\partial \nabla \varphi}{\partial n} + \boldsymbol{\Omega} \cdot \frac{\partial}{\partial n}[\boldsymbol{r} \times (\boldsymbol{U} - \nabla \varphi)] \tag{2.17}$$

式中,$\dot{U}$ 和 $\dot{\Omega}$ 表示加速度。公式(2.17)中存在二阶导数,这会给数值计算造成一些困难,可以采用两种方法对此问题进行处理,第一种为方向转化法[46],第二种为降阶法[43]。方向转化法比较直接,就是将公式(2.17)中最后两项的法向转化为切向,进而可以沿着边界的切线方向求解二阶导数,在数值上求解切向导数比求解法向导数更加容易。转化公式为

$$\frac{\partial \varphi_y}{\partial n} = \frac{\partial \varphi_x}{\partial l}, \frac{\partial \varphi_x}{\partial n} = -\frac{\partial \varphi_y}{\partial l} \tag{2.18}$$

将公式(2.17)展开,同时考虑公式(2.18),就可以将公式(2.17)的二阶法向导数转化为切向导数,简化了数值计算过程。根据自由表面的零压条件,以及公式(2.16)的伯努利方程,φ_t 满足的自由表面边界条件的表达式可以写为

$$\varphi_t = -\frac{1}{2} |\nabla \varphi|^2 - g\eta \tag{2.19}$$

在流体域底部,假设底部是水平的,并且没有渗透,φ_t 满足不可穿透边界条件,则有

$$\frac{\partial \varphi_t}{\partial n} = 0 \tag{2.20}$$

在远方边界,扰动势几乎消失,只有入射波存在,因此 φ_t 的远方边界条件可以表达为

$$\frac{\partial \varphi_t}{\partial n} = \frac{\partial \varphi_{\mathrm{I}t}}{\partial n} \tag{2.21}$$

另外一种可以处理二阶导数的方法为降阶法,这种方法不需要计算二阶导数,因此数值计算精度会更高一些。为此,我们首先定义一个辅助函数 χ,使其满足

$$\varphi_t = \chi - \boldsymbol{U} \cdot \nabla \varphi + \boldsymbol{\Omega} \cdot [\boldsymbol{r} \times (\boldsymbol{U} - \nabla \varphi)] \tag{2.22}$$

根据公式(2.22),并且考虑 φ_t 满足的所有边界条件,辅助函数 χ 满足的物面、自由面、底部、远方控制面边界条件可以分别写为

$$\frac{\partial \chi}{\partial n} = (\dot{\boldsymbol{U}} + \dot{\boldsymbol{\Omega}} \times \boldsymbol{r}) \cdot n \tag{2.23}$$

$$\chi = -\left(\frac{1}{2}|\nabla\varphi|^2 + \zeta\right) + \boldsymbol{U} \cdot \nabla\varphi - \boldsymbol{\Omega} \cdot [\boldsymbol{r} \times (\boldsymbol{U} - \nabla\varphi)] \tag{2.24}$$

$$\frac{\partial \chi}{\partial n} = \boldsymbol{U} \cdot \frac{\partial \nabla\varphi}{\partial n} - \boldsymbol{\Omega} \cdot \frac{\partial}{\partial n}[\boldsymbol{r} \times (\boldsymbol{U} - \nabla\varphi)] \tag{2.25}$$

$$\frac{\partial \chi}{\partial n} = \frac{\partial \varphi_{1t}}{\partial n} + \boldsymbol{U} \cdot \frac{\partial \nabla\varphi}{\partial n} - \boldsymbol{\Omega} \cdot \frac{\partial}{\partial n}[\boldsymbol{r} \times (\boldsymbol{U} - \nabla\varphi)] \tag{2.26}$$

有了全部边界条件以后,关于辅助函数 φ_t 或 χ 的求解仍然采用2.2.2节介绍的边界元法。一旦辅助函数 χ 得到求解,便可以根据公式(2.22)求解 φ_t,或者直接按照公式(2.21)之前的方法求解 φ_t,压力 p 便可以得到求解。两种运用辅助函数求解压力的方法可以根据实际情况灵活选用。当采用传统边界元法时,降阶法比较适合。后面章节还将介绍镜像边界元法,需满足辅助函数的法向导数在底部为0。因此,若采用镜像边界元法求解辅助函数,需采用方向转化法建立辅助函数的边界条件。

2.2.4 射流处理

对于物体在波浪中的运动,当运动速度较高时,流体通常会沿着物体表面形成一层射流。由于射流层极薄,除非在射流层内采用极小的单元,否则数值误差将会非常显著,也可以称之为数值错误。为了解决这个问题,本书参考Wu[47]的处理方法。由于射流层非常薄,速度势在射流层内近似满足线性分布规律。射流层内任意一点的坐标为

$$\Im = [\xi, \zeta] \tag{2.27}$$

每个单元($\Im_k, \Im_{k+1}$)内部的波面起伏可以由以下线性方法近似给出

$$\zeta(\xi) = \zeta(k) + \frac{\zeta_{k+1} - \zeta_k}{\xi_{k+1} - \xi_k}(\zeta - \zeta_k) \tag{2.28}$$

从射流层上的一点 $\Im_{k+1}$ 画一条垂直于物面的直线,交于物面上的单元($\Im_j$,$\Im_{j+1}$)内部。由于射流层非常薄,沿着直线的速度势分布形式可以写为

$$\varphi = A + B\xi + C\zeta \tag{2.29}$$

根据自由表面,射流层单元($\Im_k, \Im_{k+1}$)上每个节点的速度势是已知的,两个

节点给出的公式为

$$\varphi_k = A + B\xi_k + C\zeta_k \tag{2.30}$$

$$\varphi_{k+1} = A + B\xi_{k+1} + C\zeta_{k+1} \tag{2.31}$$

ζ 方向实质上是垂直于物体表面，也就是和法线方向相同，对公式(2.29)两端同时求法向导数，则有

$$B = \frac{\partial\varphi}{\partial n} = (\boldsymbol{U} + \boldsymbol{\Omega}\times\boldsymbol{r})\cdot\boldsymbol{n} \tag{2.32}$$

公式(2.32)中物面法向导数 φ_n 在每一时刻都是已知的。将公式(2.32)代入公式(2.30)和公式(2.31)，可以得到系数 C 的结果

$$C = \frac{\varphi_{k+1} - \varphi_k - (\xi_{k+1} - \xi_k)\cdot(\boldsymbol{U} + \boldsymbol{\Omega}\times\boldsymbol{r})\cdot\boldsymbol{n}}{\zeta_{k+1} - \zeta_k} \tag{2.33}$$

得到系数 B 和 C 以后，自由面节点的速度势法向导数可以表达为

$$\varphi_n = B\cdot\frac{\zeta_{k+1} - \zeta_k}{\sqrt{(\xi_{k+1} - \xi_k)^2 + (\zeta_{k+1} - \zeta_k)^2}} - C\cdot\frac{\xi_{k+1} - \xi_k}{\sqrt{(\xi_{k+1} - \xi_k)^2 + (\zeta_{k+1} - \zeta_k)^2}} \tag{2.34}$$

此时，射流层内自由面的速度势和法向导数便都成为已知的。在求解边界积分公式时，射流层内自由面的速度势和法向导数全部作为已知量移到等式右端。

关于射流层内物面一点 $\Im_j$ 的速度势的求解方法，可以从此点开始，沿着物面法线方向绘制一条直线交于自由面上的一点 $\Im_s$，$\Im_s$ 点的速度势是已知的。$\Im_j$ 的速度势 φ_j 可以通过 $\Im_s$ 点的速度势 φ_s 和物面边界条件求解。则有

$$\varphi_j = \varphi_s - \xi_s(\boldsymbol{U} + \boldsymbol{\Omega}\times\boldsymbol{r})\cdot\boldsymbol{n} \tag{2.35}$$

式中，ξ_s 为节点 $\Im_s$ 在 $O-\xi\zeta$ 坐标系下的水平坐标。通过公式(2.35)，射流层内的速度势便得到求解。对于不同的物理问题，都可以采用此方法处理射流。当需要求解的问题发生变化时，只需要改变物面速度势的法向导数 φ_n 即可。

2.2.5　自由面的更新

为了获得每一时刻准确而且稳定的自由面，本书将选用四阶龙格－库塔法对自由面的速度势和波面起伏进行时间步进更新。为此，首先将需要进行时间积分的速度势 φ 和波面位置 X 放在等式左侧，而运动学边界条件和动力学边界条件中的其他项则移到等式右侧，并表示成一般的函数表达式。

$$\frac{\mathrm{D}\varphi}{\mathrm{D}t}=f(\varphi,\boldsymbol{X},t) \tag{2.36}$$

$$\frac{\mathrm{D}X}{\mathrm{D}t}=g(\varphi,\boldsymbol{X},t) \tag{2.37}$$

采用四阶龙格－库塔法，下一时间步的速度势 φ 和波面起伏 $\boldsymbol{X}=(x,y)$ 可以表示成如下形式

$$\varphi_{t+\Delta t}=\varphi_t+\frac{1}{6}\Delta t(\varphi^1+\varphi^2+\varphi^3+\varphi^4) \tag{2.38}$$

$$\boldsymbol{X}_{t+\Delta t}=\boldsymbol{X}_t+\frac{1}{6}\Delta t(\boldsymbol{X}^1+\boldsymbol{X}^2+\boldsymbol{X}^3+\boldsymbol{X}^4) \tag{2.39}$$

其中

$$\varphi^1=f(\varphi_t,\boldsymbol{X}_t,t) \tag{2.40}$$

$$X^1=g(\varphi_t,\boldsymbol{X}_t,t) \tag{2.41}$$

$$\varphi^2=f(\varphi_t+\varphi^1\Delta t/2,\boldsymbol{X}_t+\boldsymbol{X}^1\Delta t/2,t+\Delta t/2) \tag{2.42}$$

$$\boldsymbol{X}^2=g(\varphi_t+\varphi^1\Delta t/2,\boldsymbol{X}_t+\boldsymbol{X}^1\Delta t/2,t+\Delta t/2) \tag{2.43}$$

$$\varphi^3=f(\varphi_t+\varphi^2\Delta t/2,\boldsymbol{X}_t+\boldsymbol{X}^2\Delta t/2,t+\Delta t/2) \tag{2.44}$$

$$\boldsymbol{X}^3=g(\varphi_t+\varphi^2\Delta t/2,\boldsymbol{X}_t+\boldsymbol{X}^2\Delta t/2,t+\Delta t/2) \tag{2.45}$$

$$\varphi^4=f(\varphi_t+\varphi^3\Delta t,\boldsymbol{X}_t+\boldsymbol{X}^3\Delta t,t+\Delta t) \tag{2.46}$$

$$\boldsymbol{X}^4=g(\varphi_t+\varphi^3\Delta t,\boldsymbol{X}_t+\boldsymbol{X}^3\Delta t,t+\Delta t) \tag{2.47}$$

通过以上过程，可以精确确定下一时刻自由面的速度势和波面起伏，不断循环，直到计算时间结束。

2.2.6 其他数值处理技巧

1. 网格重构技术

在更新自由表面的过程中，经过一段时间以后，离散的节点会汇聚或者分散，造成单元分布不均匀，或者无规律。因此，每几个时间步以后就需要对单元格进行重新划分。目前，一些插值技术已经发展得比较成熟，并且广泛应用于科研和工程项目中。例如，三次样条插值技术、B 样条插值技术、拉格朗日插值技术。由于拉格朗日方法不需要对矩阵进行求解，计算简单，并且计算精度也比较高，因此本书采用拉格朗日插值方法来重新划分自由面节点。在自由面的主体区域，选用阶数较高的五点四阶拉格朗日插值技术进行更新。在自由面与

物面交点,以及自由面与控制面交点附近,自由面的第一个点采用三点二阶拉格朗日插值,第二个点采用四点三阶拉格朗日插值方法进行局部处理[48]。

$$f(e) = \sum_{k=1}^{n} f_k l_k(e) \tag{2.48}$$

式中

$$l_k(e) = \prod_{\substack{j=1 \\ j\neq k}}^{n} \left(\frac{e - e_j}{e_k - e_j} \right) \tag{2.49}$$

为拉格朗日插值多项式。对于每个节点,有三个变量(x,y,φ),因此必须找到一个和这三个变量同时有联系的一个量作为e。本书选取物面和自由面交点作为起点,沿着自由面的长度作为变量e,称之为长度坐标系。e_j为长度坐标系下已知节点的水平坐标或者e坐标。f_k为这些节点上的函数值,也就是(x_k,y_k,φ_k)。长度坐标系下每个新节点的坐标e可以根据需求重新设置。然后,根据公式(2.48)求解位于新节点e的函数值(x,y,φ)。

2. 光顺处理技术

在自由表面的更新过程中,除了节点的汇聚和分散,有时会出现锯齿。为了消除锯齿,一般的处理方法为光顺处理。对于均匀网格,可以简单地采用5点光顺法。

$$f = \frac{1}{16}(-f_{i-2} + 4f_{i-1} + 10f_i + 4f_{i+1} - f_{i+2}) \tag{2.50}$$

当网格分布不均匀时,能量法[49]则为更好的选择,这种方法可以更加有效地消除不均匀网格的锯齿。假设一系列节点原来的位置向量为$\boldsymbol{Q}_i(i=0,1,2,\cdots,n)$,光顺以后变为$\boldsymbol{P}_i$。将拥有全部节点$\boldsymbol{P}_i(i=0,1,2,\cdots,n)$的曲线的能量定义为

$$E_c = \sum_{i=1}^{n-1} \frac{1}{l_i + l_{i+1}} (e_{i+1} - e_i)^2 \tag{2.51}$$

式中,$l_i = \|\boldsymbol{Q}_i - \boldsymbol{Q}_{i-1}\|$为点$\boldsymbol{Q}_i$和$\boldsymbol{Q}_{i-1}$之间的距离;$e_i = (p_i - p_{i-1})/l_i$,其中$p_i(i=0,1,2,\cdots,n)$是节点$\boldsymbol{P}_i$的$x$、$y$或者$\varphi$坐标。光顺过程应该保证$\boldsymbol{P}_i$和$\boldsymbol{Q}_i$的差别尽量小。为此,定义一个目标函数

$$F_c = \alpha E_c + \sum_{i=0}^{n} \beta_i (p_i - q_i)^2 \tag{2.52}$$

式中,α和β_i是系数;$q_i(i=0,1,2,\cdots,n)$是节点$\boldsymbol{Q}_i$的x、y和φ坐标。将公式(2.51)代入公式(2.52),可以得到

$$F_c = \alpha \sum_{i=1}^{n-1} \frac{1}{l_{i+1} + l_i}\left(\frac{p_{i+1} - p_i}{l_{i+1}} - \frac{p_i - p_{i-1}}{l_i}\right)^2 + \sum_{i=0}^{n} \beta_i (p_i - q_i)^2 \tag{2.53}$$

式中,右侧第一项控制曲线的光顺程度,第二项控制原曲线和新曲线之间的差别。为了得到一个较好的光顺效果,应该让两者都达到最小值。也就是说目标函数 F_c 应该达到极小值。为此,可以通过设置 F_c 关于 $p_i(i=0,1,2,\cdots,n)$ 的导数等于 0 来实现。求导以后可以得到

$$\boldsymbol{AP} = \boldsymbol{Q} \tag{2.54}$$

其中,矩阵 $\boldsymbol{A}$ 的具体形式为

$$\boldsymbol{A} = \begin{bmatrix} c_0 & d_0 & e_0 & & & & \\ b_1 & c_1 & 0 & 0 & & & \\ a_2 & 0 & 0 & 0 & 0 & & \\ & 0 & 0 & 0 & 0 & e_{n-2} & \\ & & 0 & 0 & 0 & d_{n-1} & \\ & & & a_n & b_n & c_n & \end{bmatrix} \tag{2.55}$$

在数值计算过程中,可以设置系数 β_i 为一个常数。光顺系数 α 和 $l_i(i=0,1,2,\cdots,n)$ 相关,根据实际数值测试将其调整到一个合理的数值。假设最小单元长度为 l_m,根据 Wang 和 Wu[49] 的测算,$\alpha = Cl_m^3$,其中 C 取在 5 到 10 之间比较合适。但是经过本书中的测算,发现 $5 \leqslant C \leqslant 10$ 容易误伤入射波,因此本书取系数 $C=2$。

2.3 入射波

在本书数值模拟中,经常要使用到各种各样的波浪环境。目前,已经有很多周期性波浪的解析公式,并且得到广泛应用,包括线性波和非线性波。线性波的公式在很多文献中都可以查到,这里将不再赘述。非线性波浪的解析公式,最著名的是 Stokes 波(适合深水及浅水)和椭圆余弦波(适合浅水)。相对于椭圆余弦波,Stokes 波在应用上更加简单,因此本书将选用 Stokes 波作为入射波浪环境以模拟物体与波浪的完全非线性相互作用。

2.3.1 无限水深 Stokes 波

由于本书研究的是完全非线性问题,因此高阶的非线性入射波公式更加适

合本书的研究。Fenton[50]于1985年给出了适合深水波浪的Stokes公式。本书将选取五阶非线性波浪公式作为初始入射波。非线性波浪的速度势和波面起伏的表达式分别为

$$\varphi_{\mathrm{I}}=\sqrt{\frac{g}{k^3}}\left(kA\mathrm{e}^{ky_0}\sin\theta-\frac{1}{2}k^3A^3\mathrm{e}^{ky_0}\sin\theta+\frac{1}{2}k^4A^4\mathrm{e}^{2ky_0}\sin 2\theta-\right.$$

$$\left.\frac{37}{24}k^5A^5\mathrm{e}^{ky_0}\sin\theta+\frac{1}{12}k^5A^5\mathrm{e}^{3ky_0}\sin 3\theta\right) \tag{2.56}$$

$$\eta_{\mathrm{I}}=A\left[\left(1-\frac{3}{8}k^2A^2-\frac{422}{384}k^4A^4\right)\cos\theta+\left(\frac{1}{2}kA+\frac{1}{3}k^3A^3\right)\cos 2\theta+\right.$$

$$\left.\left(\frac{3}{8}k^2A^2+\frac{297}{384}k^4A^4\right)\cos 3\theta+\frac{1}{3}k^3A^3\cos 4\theta+\frac{125}{384}k^4A^4\cos 5\theta\right] \tag{2.57}$$

式中

$$\theta=kx-\omega t+\theta_0 \tag{2.58}$$

$$\omega=\sqrt{gk}\left(1+\frac{1}{2}k^2A^2+\frac{1}{8}k^4A^4\right) \tag{2.59}$$

式中，θ_0为初相位；ω为波浪圆频率；k是频率ω对应的波数；$A=H/2$；H为波高。应当指出，A的物理意义并不是指波幅，只是波高的一半。实际上，对于非线性波浪，波峰处的波幅与波谷处的波幅并不相等。波高越大，波峰就越陡，波谷就越坦，此时位于波峰处的波幅要明显大于波谷处的波幅。

2.3.2　有限水深 Stokes 波

Skjelbreia和Hendrickson[51]给出了有限水深Stokes波的五阶解析公式。速度势和波面升高的表达式分别为

$$\varphi_{\mathrm{I}}=\frac{c}{k}\sum_{j=1}^{5}\varphi_j'\cosh(jk(y+d))\cdot\sin(j\theta) \tag{2.60}$$

$$\eta_{\mathrm{I}}=\frac{1}{k}\sum_{j=1}^{5}\eta_j'\cos(j\theta) \tag{2.61}$$

其中

$$\theta=kx-\omega t+\theta_0 \tag{2.62}$$

$$c=\sqrt{\frac{g\mathrm{th}[kd(1+C_1\gamma^2+C_2\gamma^4)]}{k}} \tag{2.63}$$

$$\begin{cases}\varphi_1' = \gamma A_{11} + \gamma^3 A_{13} + \gamma^5 A_{15} \\ \varphi_2' = \gamma^2 A_{22} + \gamma^4 A_{24} \\ \varphi_3' = \gamma^3 A_{33} + \gamma^5 A_{35} \\ \varphi_4' = \gamma^4 A_{44} \\ \varphi_5' = \gamma^5 A_{55}\end{cases} \tag{2.64}$$

$$\begin{cases}\eta_1' = \gamma \\ \eta_2' = \gamma^2 B_{22} + \gamma^4 B_{24} \\ \eta_3' = \gamma^3 B_{33} + \gamma^5 B_{35} \\ \eta_4' = \gamma^4 B_{44} \\ \eta_5' = \gamma^5 B_{55}\end{cases} \tag{2.65}$$

式中，c 为波速；k 为波数，波数 k 与周期 T 满足 Stokes 五阶波理论所对应的关系。系数 A_{ij}、B_{ij}、C_i 表达式如下：

$$A_{11} = \frac{1}{s}$$

$$A_{13} = -\frac{c_1^2(5c_1^2 + 1)}{8s^5}$$

$$A_{15} = -\frac{1\ 184c_1^{10} - 1\ 440c_1^8 - 1\ 992c_1^6 + 2\ 641c_1^4 - 249c_1^2 + 18}{1\ 536s^{11}}$$

$$A_{22} = \frac{3}{8s^4}$$

$$A_{24} = \frac{192c_1^8 - 424c_1^6 - 312c_1^4 + 480c_1^2 - 17}{768s^{10}}$$

$$A_{33} = \frac{13 - 4c_1^2}{64s^7}$$

$$A_{35} = \frac{512c_1^{12} + 4\ 224c_1^{10} - 6\ 800c_1^8 - 12\ 808c_1^6 + 16\ 704c_1^4 - 3\ 154c_1^2 + 107}{4\ 096s^{13}(6c_1^2 - 1)}$$

$$A_{44} = \frac{80c_1^6 - 816c_1^4 + 1\ 338c_1^2 - 197}{1\ 536s^{10}(6c_1^2 - 1)}$$

$$A_{55} = -\frac{2\ 880c_1^{10} - 72\ 480c_1^8 + 324\ 000c_1^6 - 432\ 000c_1^4 + 163\ 470c_1^2 - 16\ 245}{\dfrac{61\ 440s^{11}(6c_1^2 - 1)}{8c_1^4 - 11c_1^2 + 3}}$$

$$B_{22}=\frac{(2c_1^2+1)c_1}{4s^3}$$

$$B_{24}=\frac{(272c_1^8-504c_1^6-192c_1^4+322c_1^2+21)c_1}{384s^9}$$

$$B_{33}=\frac{3(8c_1^6+1)}{64s^6}$$

$$B_{35}=\frac{88\,128c_1^{14}-208\,224c_1^{12}+70\,848c_1^{10}+54\,000c_1^8-21\,816c_1^6+6\,264c_1^4-54c_1^2-81}{12\,288s^{12}(6c_1^2-1)}$$

$$B_{44}=\frac{(768c_1^{10}-448c_1^8-48c_1^6+48c_1^4+106c_1^2-21)c_1}{384s^9(6c^2-1)}$$

$$B_{55}=\frac{192\,000c_1^{16}-262\,720c_1^{14}+83\,680c_1^{12}+20\,160c_1^{10}-7\,280c_1^8+7\,160c_1^6-1\,800c_1^4-1\,050c_1^2+225}{12\,288s^{12}(6c^2-1)(8c_1^4-11c_1^2+3)}$$

$$C_1=\frac{8(c_1^4-c_1^2)+9)}{8s^4}$$

$$C_2=\frac{3\,840c_1^{12}-4\,096c_1^{10}+2\,592c_1^8-1\,008c_1^{12}+5\,944c_1^4-1\,830c_1^2+147}{512s^{10}(6c_1^2-1)}$$

式中，$c_1=\mathrm{ch}(kd)$，$s_1=\mathrm{sh}(kd)$。在求得系数 A_{ij}、B_{ij}、C_i 以后，γ 和 k 可以由下式确定：

$$\gamma=\frac{Hk}{2}-B_{33}\gamma^3-(B_{35}+B_{55})\gamma^5 \tag{2.66}$$

$$k\mathrm{th}(kd)(1+C_1\gamma+C_2\gamma^4)=\frac{4\pi^2}{gT^2} \tag{2.67}$$

已知周期 T、水深 d 和波高 H，通过牛顿迭代法可以确定 γ 和 k，公式的系数便可以全部确定。

2.3.3　傅里叶级数方法

Fenton[52] 给出了周期行进波的数值求解方法。采用此方法时，与波浪相关的全部参数，包括速度势、局部速度以及压力等都可以得到精确求解。此方法的基本思路为，根据动力学边界条件、运动学边界条件、色散关系、质量守恒定律等关系建立一组非线性方程组，最后通过牛顿迭代方法对非线性方程组进行求解。采用这种方法得到的非线性波浪同时适用于深水和有限水深波浪。

$$\eta_{\mathrm{I}}=\frac{1}{k}\sum_{j=1}^{10}Y_j\cos(j\theta) \tag{2.68}$$

$$\varphi_1 = \sqrt{\frac{g}{k^3}}\sum_{j=1}^{10} B_j \frac{\cosh[jk(d+y-h)]}{\cosh(jkd)}\sin(j\theta) \tag{2.69}$$

其中

$$\theta = k(x-ct)+\theta_0 \tag{2.70}$$

式中，θ_0 是初始相位；k 为波数；c 为波速。系数 B_j、Y_j 是通过一组非线性公式求解后得到的。

(1) $f_1 = kH-(H/d)kd=0$，适用于有限水深；

$f_1 = kd+1=0$，适用于无限水深。

(2) $f_2 = kH-2\pi(H/\lambda)=0$，已知波长；

$f_2 = kH-(H/g\tau^2)[\tau(gk)^{1/2}]^2=0$，已知周期。

(3) $f_3 = c(k/g)^{1/2}\tau(gk)^{1/2}-2\pi=0$。

(4) $f_4 = c_E(k/g)^{1/2}+\bar{u}(k/g)^{1/2}-c(k/g)^{1/2}=0$。

(5) $f_5 = c_s(k/g)^{1/2}+\bar{u}(k/g)^{1/2}-c(k/g)^{1/2}-\dfrac{q(k^3/g)^{1/2}}{kd}=0$，适用于有限水深；

$f_5 = c_s(k/g)^{1/2}+\bar{u}(k/g)^{1/2}-c(k/g)^{1/2}$，适用于无限水深。

(6) $f_6 = c_x(k/g)^{1/2}-\dfrac{c_x}{(gH)^{1/2}}(kH)^{1/2}=0$，如果 c_E 已知，$c_x=c_E$，如果 c_s 已知，$c_x=c_s$。

(7) $f_7 = k\eta_0+k\eta_N+2\sum\limits_{m=1}^{N-1}k\eta_m=0$ 表示从波峰到波谷均匀布置的 $N+1$ 个点同时满足非线性边界条件。

(8) $f_8 = k\eta_0-k\eta_N-kH=0$ 表示波峰减去波谷等于波高。

(9) $f_{m+9} = -q(k^3/g)^{1/2}-k\eta_m\bar{u}(k/g)^{1/2}+\sum\limits_{j=1}^{N}B_j\left\{\dfrac{\sinh[j(kd+k\eta_m)]}{\cosh(jkd)}\right\}\cos\dfrac{jm\pi}{N}$，

当水深为无限时，方括号中的部分公式由 $[\exp(jk\eta_m)]$ 替换，其中 $m\in[0,N]$。

(10)
$$f_{N+10+m} = \frac{1}{2}\left(-\bar{u}(k/g)^{1/2}+\sum_{j=1}^{N}jB_j\left\{\frac{\cosh[j(kd+k\eta_m)]}{\cos jkd}\right\}\cos\frac{jm\pi}{N}\right)^2 + \frac{1}{2}\left(\sum_{j=1}^{N}jB_j\left\{\frac{\sinh[j(kd+k\eta_m)]}{\cos jkd}\right\}\sin\frac{jm\pi}{N}\right)^2 + k\eta_m - \frac{rk}{g} = 0$$

上面的非线性公式共有 $2N+10$ 个，公式中的变量恰好也有 $2N+10$ 个，分

别为 kd,kH,$\tau(gk)^{1/2}$、$c(k/g)^{1/2}$、$c_E(k/g)^{1/2}$、$c_s(k/g)^{1/2}$、$\overline{u}(k/g)^{1/2}$、$q(k/g)^{1/2}$,rk/g、$k\eta_i(i=0,1,2,\cdots,N)$、$B_i(i=1,2,\cdots,N)$。$2N+10$ 个未知系数是物理参数通过三个特征尺度(水密度 ρ,重力加速度 g 和波数 k)进行无因次化后的物理量。其中,d,H,τ,c,c_E,c_s,$\overline{u}$,q 的物理含义分别为水深,波高,周期,物理坐标系下的波速,物理坐标系下的时间平均流速,物理坐标系下的质量平均流速,随波坐标系下的流速,波浪的体积流量;r 为引入常数。$\eta_i(i=0,1,2,\cdots,N)$ 为平分半个波长的 $N+1$ 个点的波面起伏。$B_i(i=1,2,\cdots,N)$ 为非线性波浪公式傅里叶展开的系数。

2.3.4　翻卷波浪

翻卷波浪的解析公式是从 Airy 波浪模型演变过来的。基于浅水条件下的长波假设,水平速度 $\overline{u}(x)$ 为 Airy 波浪模型的垂向平均速度,其表达式为[53]

$$\overline{u}(x)=-\frac{1}{2}u_0\{1+\tanh[\nu(x-x_0)]\} \tag{2.71}$$

由公式(2.71)可以得到,在正无穷远处,波浪水平速度为 $-u_0$,在负无穷远处,水平速度为 u_0。公式中 x_0 为波浪中心,在此处波浪场流体质点具有最大速度,系数 ν 控制 $x=x_0$ 处的入射波坡度。根据 Airy 波浪理论,初始波面形状表达式为[53]

$$y=f(x) \tag{2.72}$$

式中,$f(x)=-\overline{u}(x)+\frac{1}{4}\overline{u}(x)^2$,从负无穷远处的 0 值逐渐变化到正无穷远的 $\Delta h=u_0+\frac{1}{4}u_0^2$,如图 2.2 所示。在自由面与水底之间,求解关于平均速度 $\overline{u}(x)$ 沿着 x 方向的积分,可确定速度势的分布。

$$\varphi_1(x)=\int_{x_0}^{x}\overline{u}(x)\,\mathrm{d}x=-\frac{1}{2}u_0\left(x-x_0+\frac{\ln\{\cosh[\nu(x-x_0)]\}}{\nu}\right) \tag{2.73}$$

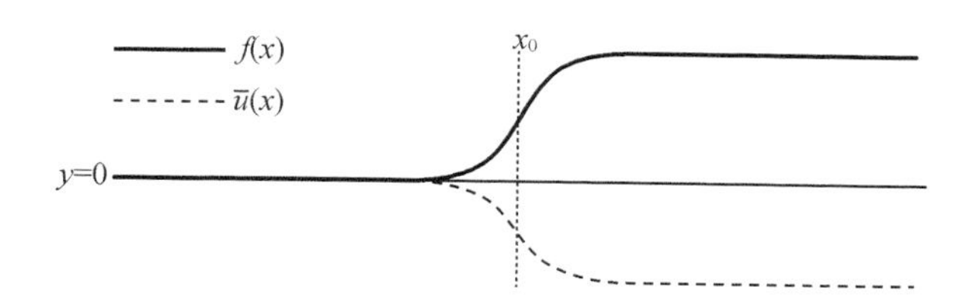

图 2.2　翻卷波浪的初始波面形状

若 x_0 离物体足够远，自由液面的初始波面起伏和速度势可采用公式(2.72)和公式(2.73)求解。随着时间的变化，自由面逐渐发生翻卷，流场速度也随之改变。后续的结果可基于拉普拉斯方程和完全非线性边界条件通过数值方法求解。

2.4 本章小结

本章重点介绍了采用边界元法求解非线性规则波与物体相互作用问题的基本思路。基于势流理论，全部速度势（包括入射势和扰动势）在流体域内满足拉普拉斯方程，在边界上满足完全非线性边界条件，包括物面边界条件、底部边界条件、非线性自由面条件以及远方边界条件。基于流体域内的控制方程和完全非线性边界条件，采用边界元法对流场进行求解，采用线性单元对全部边界进行离散。本章随后介绍了求解压力的两种辅助函数方法，一种是方向转换法，另一种是降阶法。为了提高数值计算精度，当形成薄射流层时采用线性方法进行射流处理，选用四阶龙格－库塔法对自由面进行时间积分，采用五点四阶拉格朗日插值法进行网格重构，采用能量法光顺不均匀网格的自由面。本章最后给出了4个非线性规则波的公式，其中无限水深Stokes波适用于无限水深波浪，有限水深Stokes波适用于有限水深波浪，傅里叶级数方法求解的非线性波适用于任何水深，翻卷波浪适用于破碎波的模拟。

第3章　二维物体在非线性规则波中的水动力性能研究

本章基于不可压缩速度势理论，采用完全非线性边界条件下的时域方法，研究二维物体在非线性规则波中强迫运动的受力问题，为后续研究波能转换装置在非线性规则波中的运动问题提供基础。本章选取的二维物体简化模型为楔形体，为了对二维物体在非线性规则波中进行强迫运动的受力问题进行全面分析，本章将强迫二维楔形体以两个自由度（垂向和水平）进行匀速运动，进入一个五阶无限水深 Stokes 波中，在时域内通过完全非线性边界元法对问题进行求解。在空间域内采用伸缩坐标系，选取二维物体在物理坐标系下的垂向入水距离为放缩基准。这样选择的原因为，二维物体对自由面的扰动将以垂向入水距离为基准从物体开始向远方衰减。通过数值方法求解得到的速度势为全部速度势，包含入射势和扰动势，扰动势在远离物体的地方逐渐衰减为0，因此全部速度势在远方边界将趋近于非线性规则波的入射势。在初始阶段采用入射势和扰动势分离的处理方法，只对扰动势进行求解，以避免全部速度势中的入射势与初始时刻极小入水距离相除的结果过大。采用辅助函数方法计算物体表面的压力。最后给出压力分布的具体结果，讨论重力和波浪效应对压力分布的影响，并描述自由面的变化，分析自由面变化对压力分布的影响。

3.1　二维物体入水砰击问题

波能转换装置 Oyster 的砰击问题是砰击问题的一个特例。其他浮于水面的波能转换装置，如震荡浮子、海蛇设备等的砰击问题与 Oyster 的砰击问题略有不同。震荡浮子在水面做垂荡运动，水蛇在工作过程中会有部分剖面在波浪中频繁地出水和入水。这些都会导致流体与结构之间强烈的砰击，强烈的砰击会引起非常大的物体表面局部压力。在工作中，这些问题首先可以简化成物体在波浪中入水砰击问题。在研究物体入水砰击的过程中，一般的研究方法是首先研究楔形体的入水砰击问题。

3.1.1 二维物体在静水中的入水砰击

考虑到砰击时间非常短，入水问题通常基于不可压缩速度势理论。这个领域的工作大体上可以分为两类。第一类是结合渐进分析的瓦格纳(Wagner)理论。它的解是从静水面以下的物面开始的，若砰击问题中流体加速度远大于重力加速度，可假设未被扰动水平自由面的速度势为0。物面底部的水下部分被平均自由面切割掉，取而代之的是与平均自由面重合的平板，以此来定义形状为水平底的物面边界条件。关于此问题的求解在在文献[54]中有详述。通过求解，可以得到新的波面起伏，用新波面和物面的交点来确定每一时刻新的物体湿表面，物面底部自由液面的速度势也随之相应调整。这就意味着在速度势和物体湿表面之间存在隐含的耦合作用。目前，有很多工作是基于瓦格纳理论完成的，如 Howison 等[55]对物体入水砰击问题进行考虑，Faltinsen[56]研究了有限底升角楔形体的入水砰击问题，Korobkin 等[57]采用此方法研究了弹性体的入水砰击问题，Korobkin 进一步将二阶 Wagner 理论应用到砰击问题之中[58]。

求解入水砰击问题的另一个办法是本书所采用的非线性边界元法，在物体湿表面和瞬时自由表面施加非线性边界条件。采用完全非线性边界元方法研究砰击问题的典型案例包括：Dobrovol'skaya[59]和 Zhao、Faltinsen[60]研究了对称楔形体的垂向入水问题，而非对称楔形体的垂向入水问题在 Semenov 和 Iafrati[61]的文中得到解决。Xu 等[62]对单个楔形体入水问题进行进一步的深化，研究了非对称楔形体斜向入水问题。Wu[63]首次研究了双楔形体的入水砰击问题。前文所述研究都是基于楔形体以恒定速度入水的情况，Wu 等[64]考虑了楔形体以一个自由度自由落水的情况，而楔形体三自由度自由落水问题在 Xu 等[65]文中给出了详细的研究，文中考虑了垂向、水平和旋转三个自由度运动的相互耦合。

3.1.2 二维物体在波浪中的入水砰击

一直以来，很少有学者对楔形体波浪中入水砰击问题展开专门的研究。Faltinsen[66]将瓦格纳理论应用到线性波中物体的入水砰击问题，在初始时刻的入射波面，由物体入水引起的扰动势被假设为0，波浪效应对砰击的影响被分离出来，简单地说，应用瓦格纳于物体的入静水砰击问题之中，再将波浪力与砰击力进行简单相加。Sun、Faltinsen[67]采用完全非线性边界元法研究考虑重力效应的楔形体入水问题，其课题背景来源于滑行艇在静水中高速滑行。

本章的研究内容之一为采用完全非线性边界元法研究考虑重力效应的楔形体入波浪问题，与楔形体入静水问题类似，坐标系采用伸缩坐标系[64]。与传统入水砰击问题不同，波浪中入水砰击问题出现了更多难点。第一，一旦考虑波浪，砰击问题将不再是一个自相似问题，即使楔形体以恒定速度入水。因此，必须采用时域方法对此类问题进行求解。第二，初始时刻楔形体入水距离极小，在伸缩坐标系中以极小的楔形体垂向入水距离为基础尺度进行放大。因此，在时域计算中，计算域的尺度可以一直保持不变。然而，在物理坐标系中，入射波的速度势在初始时刻被极小的垂向入水距离放大，也就是说伸缩坐标系中的入射速度势会非常大。为了解决这个问题，在初始阶段采用的是入射势和扰动势分离的办法，待楔形体入水一小段距离以后再将两者合并。第三，在伸缩坐标系中，远离物体表面的速度势并不趋于0，而是趋于入射势。与传统的楔形体静水砰击问题不同，考虑重力效应的楔形体在波浪中的入水砰击问题表现出一些新的特性。波浪中存在的流体本身的速度分布改变了物体和流场之间的相对速度。这就意味着即使物体以恒定速度入水，物体表面每个位置的局部相对速度也不相同。此外，物体以垂向速度入水，由于入射波水平速度的存在，物体的垂向入水表现出斜向入水的特性。这些改变极大地影响物体附近的自由表面形状和物面压力分布。波陡的存在也改变了砰击过程中的与射流发展和压力分布密切相关的有效底升角。在初始阶段，重力效应非常弱，随着砰击的持续，它的重要性越来越明显。

3.2 数学模型与数值过程

3.2.1 二维物体在非线性规则波中斜向匀速运动的控制方程与边界条件

图 3.1 给出了二维物体在非线性规则波中以给定方式进行运动的示意图，选用的模型为 45°底升角二维楔形体，运动方式为斜向匀速进入非线性规则波。图中 $O-x_0y_0$ 为空间固定坐标系，x_0 方向与平均水面重合，而 y_0 方向竖直向上，并且穿过楔形体尖端。$O-xy$ 为原点 O 始终位于楔形体尖端的运动坐标系，x 方向与平均水面平行，y 方向竖直向上。楔形体左右两端的底升角分别为 γ_1 和 γ_2，且楔形体有一个水平速度 U 和一个垂向速度 W。由于长度的特征尺度在本问题中不容易确定，本章将选取楔形体的垂向速度 W、重力加速度 g 和水密度 ρ 作为无因次的特征参数。因此，长度尺度、时间 t、速度、速度势 φ、压力 p、力 F，波数和波浪圆频率分别基于 W^2/g、W/g、W、W^3/g、ρW^2、$\rho W^6/g^2$、g/W^2、g/W 进行无因次化。假设流体是不可压缩的、无黏性的并且是无旋的，在流体域内可以用其梯度和流体速度相等的速度势 φ 来描述流场，且速度势 φ 在流体域内满足拉普拉斯方程。

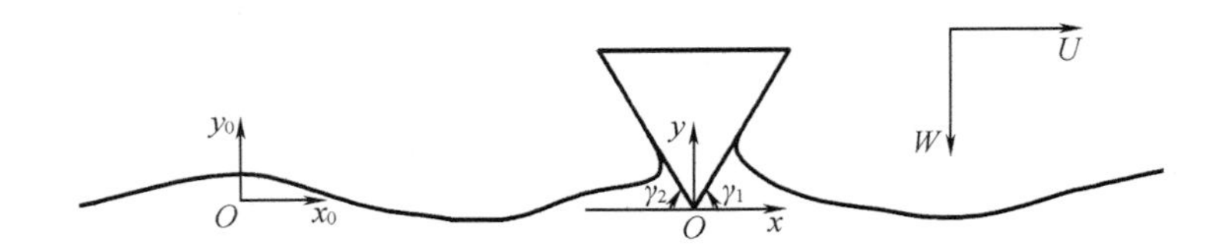

图 3.1 二维物体在非线性规则波中强迫运动示意图

$$\frac{\partial^2\varphi}{\partial x_0^2}+\frac{\partial^2\varphi}{\partial y_0^2}=0 \tag{3.1}$$

在瞬时自由表面 S_F，拉格朗日形式的动力学和运动学边界条件分别为

$$\frac{D\varphi}{Dt}=\frac{1}{2}\nabla\varphi\cdot\nabla\varphi-y_0 \tag{3.2}$$

$$\frac{Dx_0}{Dt}=\frac{\partial\varphi}{\partial x_0},\ \frac{Dy_0}{Dt}=\frac{\partial\varphi}{\partial y_0} \tag{3.3}$$

在楔形体的瞬时湿表面 S_0，基于不可穿透物面边界条件，流体的法向速度与物体法向速度相同，因此有

$$\frac{\partial \varphi}{\partial n} = -n_{y_0} + \varepsilon n_{x_0} \tag{3.4}$$

式中，$\varepsilon = U/W$ 为楔形体水平方向的无因次速度；n_{y_0} 前面有负号是由于当楔形体运动方向为下时，定义垂向速度 W 的数值为正。在远方，由于离物体比较远，扰动慢慢消失，流体速度逐渐趋于入射波的速度。因此，远场边界条件可以表达为

$$\nabla \varphi \rightarrow \nabla \varphi_{\mathrm{I}} \tag{3.5}$$

在初始时刻 $t=0$，将未被扰动的波面起伏 η_{I} 作为初始自由面

$$y_0(x_0, t=0) = \eta_{\mathrm{I}}(x_0, t=0) \tag{3.6}$$

由于楔形体的位置不断变化，选择在与物体同时运动的 $O-xy$ 坐标系下求解问题更加方便，空间固定坐标系 $O-x_0y_0$ 与运动坐标系 $O-xy$ 的关系可以表达为

$$x = x_0 - \varepsilon t, y = y_0 + t - A_0 \tag{3.7}$$

式中，t 为入水时间。与静水砰击问题不同，当楔形体尖端进入波浪时，首先接触到的波浪位置一定存在一个波面起伏，入水位置不同则波面起伏不同。$(0, A_0)$ 为 $t=0$ 时刻楔形体入波浪位置在 $O-x_0y_0$ 坐标系下的垂向坐标。通过关系式(3.7)，运动坐标系 $O-xy$ 的原点可以一直固定在楔形体的尖端。在运动坐标系下，自由表面的运动学和动力学边界条件可以分别表达为

$$\frac{\mathrm{D}\varphi}{\mathrm{D}t} = \frac{1}{2}(\varphi_x^2 + \varphi_y^2) - (y - t + A_0) \tag{3.8}$$

$$\frac{\mathrm{D}y}{\mathrm{D}t} = \frac{\partial \varphi}{\partial y} + 1, \frac{\mathrm{D}x}{\mathrm{D}t} = \frac{\partial \varphi}{\partial x} - \varepsilon \tag{3.9}$$

在入水的初始时刻，只有极小部分的楔形体尖端进入波浪。为了保证足够的数值计算精度，必须采用极小的线性单元来离散边界。如果选用固定长度的流体域，流体域边界的选择必须考虑入水一段时间以后扰动对流体域的影响是否会传递到边界上，因此要求计算域的边界不能太小，这会导致初始时刻的单元数过多。因此，本章将采用伸缩坐标系来处理这个问题。采用公式(3.1)前的方法对物理量进行无因次化，由于入水距离 $s = Wt$，入水距离 s 是基于 W^2/g 进行无因次的，而入水时间 t 是基于 W/g 进行无因次的，因此楔形体向下运动

的距离 s 与入水时间 t 在数值上相同，表达为 $s=t$。在初始时刻，如果将入射势 φ_{I} 直接转化到伸缩坐标系，由于入水距离极小，伸缩坐标系下速度势的数值将会极大，因此在初始时刻将扰动势和入射势进行分离，即

$$\varphi(x,y,t)=t\varphi_{\mathrm{D}}(\alpha,\beta,t)+\varphi_{\mathrm{I}}(x,y,t),\alpha=x/t,\beta=y/t \tag{3.10}$$

式中，φ_{D} 为伸缩坐标系下的扰动势；φ_{I} 仍然为笛卡儿坐标系下的入射势。扰动势 φ_{D} 的物体表面边界条件可以表达为

$$\frac{\partial\varphi_{\mathrm{D}}}{\partial n}=-n_y+\varepsilon n_x-\frac{\partial\varphi_{\mathrm{I}}}{\partial n} \tag{3.11}$$

并且在远离物体的区域有 $\nabla\varphi_{\mathrm{D}}\to0$，在自由表面，初始时刻的扰动势 $\varphi_{\mathrm{D}}=0$，或者 $\varphi=\varphi_{\mathrm{I}}$。速度势 φ_{D} 的自由表面边界条件可以写为

$$\frac{\mathrm{D}(t\varphi_{\mathrm{D}}+\varphi_{\mathrm{I}})}{\mathrm{D}t}=\frac{1}{2}[(\varphi_{\mathrm{D}\alpha}+\varphi_{\mathrm{I}x})^2+(\varphi_{\mathrm{D}\beta}+\varphi_{\mathrm{I}y})^2]-(t\beta-t+A_0) \tag{3.12}$$

$$\frac{\mathrm{D}(t\beta)}{\mathrm{D}t}=\varphi_{\mathrm{D}\beta}+\varphi_{\mathrm{I}y}+1,\frac{\mathrm{D}(t\alpha)}{\mathrm{D}t}=\varphi_{\mathrm{D}\alpha}+\varphi_{\mathrm{I}x}-\varepsilon \tag{3.13}$$

根据扰动势 φ_{D} 的自由表面边界条件，扰动势 φ_{D} 可以与波面一起更新。当入水达到一小段距离以后，在后续的时间步中，将扰动势与入射势合并，仍然对全部速度势进行求解和更新。此时入水距离仍然很小，因此仍然采用伸缩坐标系，在伸缩坐标系下 $\varphi(\alpha,\beta,t)=\varphi(x,y,t)/t$。速度势 φ 的物面边界条件与公式(3.4)形式相同，自由表面边界条件可以写为

$$\frac{\mathrm{D}(t\varphi)}{\mathrm{D}t}=\frac{1}{2}(\varphi_\alpha^2+\varphi_\beta^2)-(t\beta-t+A_0) \tag{3.14}$$

$$\frac{\mathrm{D}(t\beta)}{\mathrm{D}t}=\varphi_\beta+1,\frac{\mathrm{D}(t\alpha)}{\mathrm{D}t}=\varphi_\alpha-\varepsilon \tag{3.15}$$

在数值计算过程中，在初始阶段可以选择一个非常小的 $t=t_0$ 时刻作为楔形体在波浪中启动的初始位置，这对应于物理坐标系下楔形体只有很小的一部分进入到水中。在时域内，时间 t 或入水距离 s 会逐渐增大，当时间 t 或入水距离 s 足够大时，可以选择继续使用伸缩坐标系，或者转换回物理坐标系进行后续数值计算。

3.2.2 二维物体在非线性规则波中斜向匀速运动的数值处理技巧

当控制方程和边界条件都已经确定好以后，可以采用 2.2.2 节给出的边界元法对问题进行求解。当物体运动速度较高时，在物面与自由面交界附近区域

通常会形成薄薄的射流，本书在这里采用2.2.4节的射流处理方法。对于这两个问题，本章将不再赘述。

当求解完每一时间步的速度势梯度以后，下一时刻自由表面的速度势可以通过动力学边界条件公式(3.14)进行更新，自由面的新位置可以通过运动学边界条件公式(3.15)得到。但是为了避免更新过程中流体质点进入或者偏离物面，需要将物面与自由面的交点进行特殊处理。本书将伸缩坐标系 $O-\alpha\beta$ 旋转到一个新的坐标系 $O-\xi\zeta$，其中设定 ζ 方向沿着物体表面，并且定义 l_1 为 ξ 方向与 α 方向之间夹角的余弦，l_2 则为 ζ 方向与 β 方向之间夹角的余弦。因此有如下变换关系

$$\alpha = \xi l_2 + \zeta l_1 \tag{3.16}$$

$$\beta = -\xi l_1 + \zeta l_2 \tag{3.17}$$

将公式(3.16)和公式(3.17)代入公式(3.14)和公式(3.15)，专门用于更新交点的自由表面条件可以转化为

$$\left(\frac{\delta(t\varphi)}{\delta t} - \frac{\partial(t\zeta)}{\partial t}\varphi_\zeta\right) = (\varepsilon l_2 + l_1)\varphi_\xi + (\varepsilon l_1 - l_2)\varphi_\zeta - (\varphi_\xi^2 + \varphi_\zeta^2)/2 - t(-\xi l_1 + \zeta l_2) + t - A_0 \tag{3.18}$$

$$\frac{\partial(t\zeta)}{\partial t} = \varphi_\zeta - \varepsilon l_1 + l_2 - (\varphi_\xi - \varepsilon l_2 - l_1)\zeta_\xi \tag{3.19}$$

在前面的两个公式中，$\delta(t\varphi)/\delta t$ 表示在一个给定的 ξ 下，速度势 φ 关于时间 t 的偏导数，其中包含 ζ 的变化。将物面边界条件代入公式(3.19)中，可以推出公式(3.19)的最后一项其实为0。适用于物面和自由面交点处速度势 φ 及波面起伏 ζ 更新的公式(3.18)和公式(3.19)可以保证交点处的流体质点只能沿着物面方向更新。

3.2.3 二维物体在非线性规则波中斜向匀速运动的物面压力计算

当边界积分方程在每个时间步求解完成以后，我们可以通过伯努利方程来求解无因次的物面压力。

$$p = -\left(\varphi_t + \frac{1}{2}|\nabla\varphi|^2 + t\beta - t + A_0\right) \tag{3.20}$$

式中，φ_t 为物理坐标系下速度势 φ 的时间偏导数，且有 $\nabla\varphi = \nabla\varphi$。由公式(3.20)可知，即使在每个时间步得到了速度势 φ 或者 φ 的数值结果，φ_t 仍然是

未知的。在这里我们引入辅助函数$\chi=\varphi_t+\varepsilon\varphi_\alpha-\varphi_\beta$来处理这个问题,流体域内,辅助函数$\chi$也满足拉普拉斯方程。根据Wu[41]的推导,可以推出辅助函数χ的物面边界条件

$$\frac{\partial\chi}{\partial n}=0 \tag{3.21}$$

根据伯努利方程和自由表面的零压条件,可以推出χ的自由表面边界条件

$$\chi=-\left(\frac{1}{2}|\nabla\varphi|^2+t\beta-t+A_0\right)+\varepsilon\varphi_\alpha-\varphi_\beta \tag{3.22}$$

在远方边界,由于扰动消失,因此只有入射波存在。根据坐标变换关系,不难知道$\varphi_\alpha=\varphi_{x_0}$和$\varphi_\beta=\varphi_{y_0}$。结合这两点进行推导,远方边界条件可以表达为

$$\frac{\partial\chi}{\partial n}=\frac{\partial\varphi_{\mathrm{I}t}}{\partial n}+\varepsilon\frac{\partial\varphi_{\mathrm{I}x_0}}{\partial n}-\frac{\partial\varphi_{\mathrm{I}y_0}}{\partial n} \tag{3.23}$$

在流体域内满足上述控制方程和边界条件的辅助函数χ可以在伸缩坐标系中求解,一旦辅助函数得到求解,速度势的时间偏导数φ_t就可以通过公式$\varphi_t=\chi-\varepsilon\varphi_\alpha+\varphi_\beta$来进行求解,压力公式(3.20)也可以同时得到求解。一旦求解出沿着结构体表面的压力数值,就可以通过数值积分的方法求解出楔形体在入水过程中受到的合外力。

3.3 数值算例

3.3.1 收敛性分析与比较

1. 网格收敛性分析

为了测试二维物体在运动过程中的数值稳定性和精度,本章首先强迫二维楔形体以均匀速度垂向进入静水,并且对其收敛性进行研究。强迫物体进入静水的过程相当于让物体进入一个波高$H=0$的非线性规则波。进行收敛性分析时不需要考虑重力的影响,须将本章中与重力相关公式的重力项全部去掉。可分别设置计算域的长度和高度为32和16,在边界上布置不均匀网格。在压力梯度最大的射流根部布置最小单元格,然后网格从射流根部开始以一个确定的比例向两端逐渐增加。现分别设置最小单元格长度l_{m}为0.02,0.03,0.04,网格放大系数取为1.02。当单元长度增大到一定数值以后,为了保证远方边界数

值结果的准确性，需要保证在一个波长内至少设置 20 个线性单元，这项要求可以通过设定最大单元长度来实现，也就是说单元长度达到一个上限以后，单元格从达到上限的点开始以最大单元长度均匀分布。图 3.2 给出了三种不同网格布置形式的自由表面形状及压力分布。可以看到图中的三条曲线基本重合，这表明目前的方法是单元格独立的。因此，在如下的数值计算中，如果没有特别说明，将最小单元长度 l_m 设置为 0.03，单元放大系数设置为 1.02。

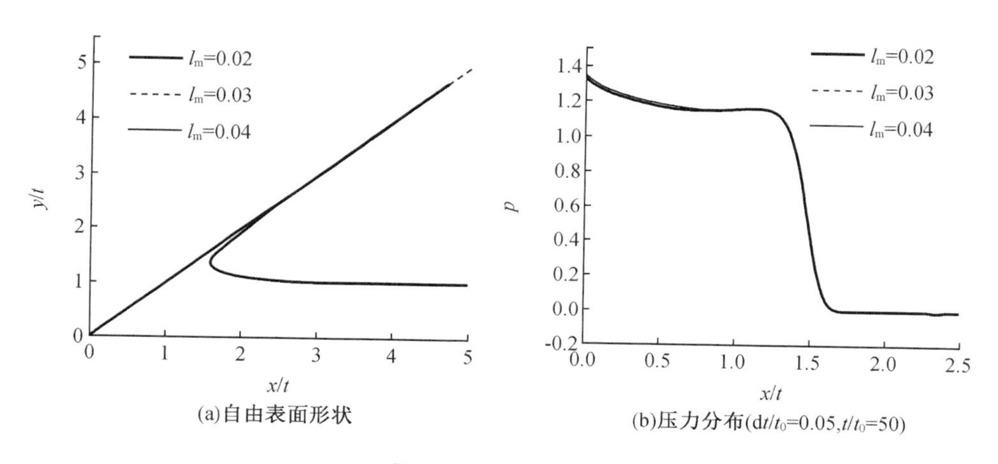

(a)自由表面形状　(b)压力分布(dt/t_0=0.05,t/t_0=50)

图 3.2　收敛性研究

2. 步长收敛性分析与比较

为了测试时间步长的收敛性，选取数值计算的时间初始值为 $t_0 = 0.001$。事实上，根据 Sun、Wu[43] 的讨论，可以知道数值结果会收敛到一个确定的值，并且时间初始值的选择并不重要。经过一个过渡阶段，数值结果会随着 t/t_0 的增加逐渐趋于相似解。图 3.3 给出了在 $t/t_0 = 50$ 时刻以两种不同方式设置平均时间步长的数值模拟结果的对比情况，平均步长分别被设置为 $dt/t_0 = 0.05$ 和 $dt/t_0 = 0.025$。给出平均值是因为 dt 在数值模拟过程中是个变化的数值。对于 $dt/t_0 = 0.05$ 的步长设置，步长 dt 从 0.25×10^{-4} 逐渐增大到 1×10^{-4}，从 $t = 0.03$ 时刻开始，设置步长为最大时间步长 1×10^{-4}。对于 $dt/t_0 = 0.025$ 的步长设置，步长 dt 从 0.125×10^{-4} 逐渐增大到 0.5×10^{-4}。由图 3.3 可见，以不同时间步长进行设置的自由表面形状和压力分布曲线在视觉上基本重合，这也就验证了本章数值过程的步长稳定性。图 3.3 同时将本章的时域结果与相似解[62] 进行对比，很明显时域结果与相似解吻合得非常好，这就验证了目前方法的数值精度非常好。在下面的计算中，如果没有特殊说明，本章将采用第一种时间步长设置，将时间初始值设置为 0.001。

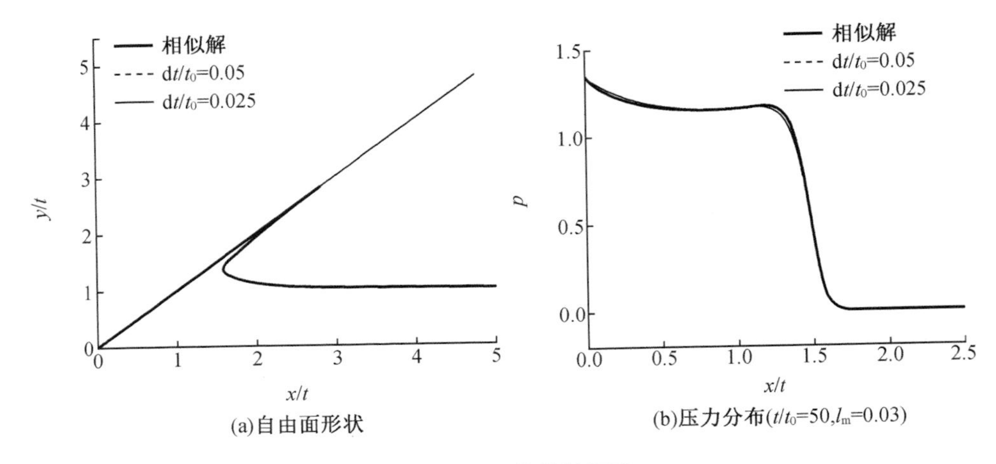

图 3.3 时间收敛性研究

3.3.2 重力效应研究

1. 重力对二维物体匀速进入静水问题的影响研究

当满足条件 $t \ll W/g$ 时，或者根据公式(3.1)前的无量纲方法进行无因次化以后满足时间 $t \ll 1$ 时，在许多瞬时入水问题中，重力通常可以被忽略，因此本章在图 3.2 和图 3.3 的数值模拟中并没有考虑重力。关于重力的影响将在下面的算例中给出详尽的分析。当考虑重力时，我们分析数值结果在入水时间 t 比较小的时候会接近于相似解，但是随着 t 的增大，两者的差别会逐渐显现。为了对以上分析进行验证，可以充分利用伸缩坐标系的优势。例如，在伸缩坐标系下，初始入水时间 t_0 可以取任意小的数值。换句话说，如果关注的是 $t = t_1$ 时刻的结果，可以设置初始入水时间为 $t_0 = t_1/20$，$t_0 = t_1/30$ 或者更小，这里设置 $t_0 = 0.001$。根据前面的讨论和 Sun、Wu[43] 中的结果，$t > 20t_0$ 时数值结果会基本达到收敛，或者接近于相似解。因此，图 3.4 的数值结果从 $t = 0.02$ 时刻开始给出，然后接着给出 $t = 0.1$, 0.5, 1.0, 1.5 的结果。从图中可以清晰地看到，在任意给出的时刻 t，图 3.4(a) 中的自由表面形状几乎都不受重力影响，几条不同时刻的自由面曲线与相似解基本重合，而压力结果却差异很大。图3.4(b)给出了公式(3.20)中包含静浮力项的楔形体表面的全部压力。当入水时间 t 比较小时，重力的影响也比较小。随着 t 的增加，重力对压力的影响越来越明显，这使得楔形体尖端的压力快速增大而射流根部的压力逐渐降低，特别是射流根部的压力梯度趋于平缓。在射流尖端空气与水的分界处，物面压力和大气压相等。从射流尖端开始沿着物面向下，物体表面的压力首先会降低到略低于大气压的水平，在射流根部，压力迅速增大，越过射流根部到楔形体根部，压力仍然继续增大，只是增大趋势变缓。在真实的物理现象中，附着在物体表面薄薄的射流层会在重力的作用下慢慢下降，或者是脱离物体飞溅出去，总之不会无限上升，但是这个问题超越了本章目前研究的范围，将暂不考虑。如图3.4(b)所示，在射流层底部还出现了一小段负压，这主要是由于平均自由表面以上静压力的贡献是负的。图3.4(c)给出了不考虑公式(3.20)中静压力项 $-\beta t+t$ 的压力分布，而自由表面条件中的静压力项仍然保留。此时，在整个射流层，压力结果是正的，而且永远不会出现负压。随着时间 t 的增加，在射流尖端，物面压力首先增加然后逐渐降低。这个图说明自由表面条件中的重力也会对水动压力产生显著的影响。

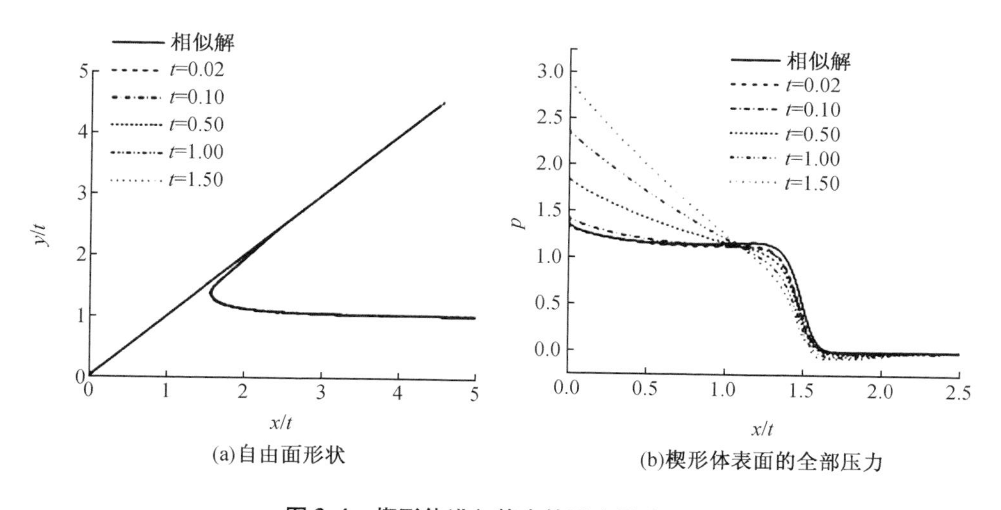

(a)自由面形状　　(b)楔形体表面的全部压力

图3.4　楔形体进入静水的重力影响研究

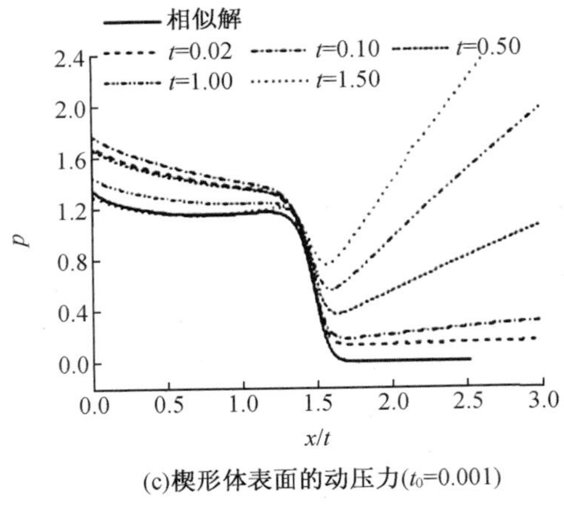

(c)楔形体表面的动压力(t_0=0.001)

图 3.4(续)

2. 重力对二维物体匀速进入非线性规则波问题的影响研究

由于入水引起的流体运动幅度是与入水速度是成正比的,而由入射波引起的流体运动幅度是与 $A\sqrt{gk}$ 成比例的。按照公式(3.1)前的无量纲方法对2.3.1节五阶深水Stokes波公式进行无因次化

$$\varphi_{\mathrm{I}}=\sqrt{\frac{1}{k^3}}\left(kA\mathrm{e}^{ky_0}\sin\theta-\frac{1}{2}k^3A^3\mathrm{e}^{ky_0}\sin\theta+\frac{1}{2}k^4A^4\mathrm{e}^{2ky_0}\sin 2\theta-\frac{37}{24}k^5A^5\mathrm{e}^{ky_0}\sin\theta+\frac{1}{12}k^5A^5\mathrm{e}^{3ky_0}\sin 3\theta\right) \tag{3.24}$$

$$\eta_{\mathrm{I}}=A\left[\left(1-\frac{3}{8}k^2A^2-\frac{422}{384}k^4A^4\right)\cos\theta+\left(\frac{1}{2}kA+\frac{1}{3}k^3A^3\right)\cos 2\theta+\left(\frac{3}{8}k^2A^2+\frac{297}{384}k^4A^4\right)\cos 3\theta+\frac{1}{3}k^3A^3\cos 4\theta+\frac{125}{384}k^4A^4\cos 5\theta\right] \tag{3.25}$$

式中

$$\theta=kx-\omega t+\theta_0 \tag{3.26}$$

$$\omega=\sqrt{k}\left(1+\frac{1}{2}k^2A^2+\frac{1}{8}k^4A^4\right) \tag{3.27}$$

入水过程中的全部波浪效应都依赖于 $A\sqrt{k}$。当满足 $A\sqrt{k}\ll 1$ 时,由公式(3.24)可知,波浪效应将没有明显的体现。一个极限的算例是取 $A=0$,此时问题将转变为前面讨论的楔形体在静水中的入水砰击问题。当 A 不可忽略时,波浪效应的重要性与波数 k 或者波长 λ 有关。在每个时间步,当 λ 比较大,或者

楔形体运动的距离 $s=t$ 相对于波长 λ 比较小时，由于 $A\sqrt{k}$ 的数值较小，波浪效应此时仍然不重要。另外一个极限算例是波长 λ 趋于无穷大或者波数 k 趋于0，即使 A 是一个有限的数值，仍然有 $A\sqrt{k}\to 0$，波浪效应因此不重要。公式(3.24)表明，两种极限情况都会使流体速度趋于0。不仅如此，由公式(3.25)可知，波面起伏在极限情况也会趋于一个常数。问题将转变成楔形体在静水中的入水问题。在入水的过程中，波浪一直在向前行进。波浪的时间效应依赖于入水时间 t 与波浪周期 $T=2\pi/\omega$ 的比值。当 $t/T\ll 1$ 时，波浪几乎是相对静止的，相当于楔形体进入一个曲线形状的静止波浪。这一点也可以由公式(3.26)进行再次验证，当 $t/T\ll 1$ 时，入射波时间项 ωt 趋于0。

入射波公式(3.24)和公式(3.25)的重力项总是存在的，当研究重力影响时，只能考虑公式(3.2)和公式(3.20)中最后一项重力项的影响，将两个公式中的重力项同时保留，视为考虑重力的结果，同时不保留则为不考虑重力。设置入射波的波高 $H=0.2$，选取波长 $\lambda=2.5$，对应波浪周期为 $T=3.84$ 和波数为 $k=2.513$。图3.5和图3.6分别给出了 $t=0.02, 0.1, 0.5$ 时的自由面形状及压力分布。由图3.5可知，自由面形状几乎不受重力影响。当 $t\leqslant 0.1$ 时，图3.5(a)和图3.5(b)中不考虑重力与考虑重力的两条曲线基本重合。只有当 $t=0.5$ 时，一个非常小的差别才出现在图3.5(c)中。图3.5(d)给出了 $t=0.5$ 时刻计算域内的全部自由表面。在远场，扰动基本消失，只有入射波存在，自由面的曲线结果与公式(3.25)的解析解吻合得非常好，这进一步验证了本章数值结果的精确性。然而，与自由表面相比，图3.6中的压力分布结果受重力的影响却非常明显，尤其是当入水时间 t 比较大的时候。当 $t=0.02$ 时，图3.6(a)中的考虑重力效应与不考虑重力效应的两个结果非常接近。当 $t=0.1$ 时，差别开始逐渐显现，如图3.6(b)所示。在图3.6(c)中，$t=0.5$ 时刻的压力分布受重力影响非常明显，考虑重力的压力在楔形体底部尖端比较大而在射流根部比较小，其原因与图3.4静水砰击算例的原因类似。

不难注意到一个有趣的现象：当楔形体垂直向下进入波浪时，由于入射波的存在，与静水中入水算例不同，流场明显不是对称的，这会导致压力在底部尖端的不连续。造成这种现象的根本原因为物面边界条件在尖点是不连续的。相似的结果在很多参考文献中都可以查阅到，如不对称楔形体静水中的入水砰击问题[61]，楔形体在静水中的斜向入水问题[62]和三维入水问题[43]。

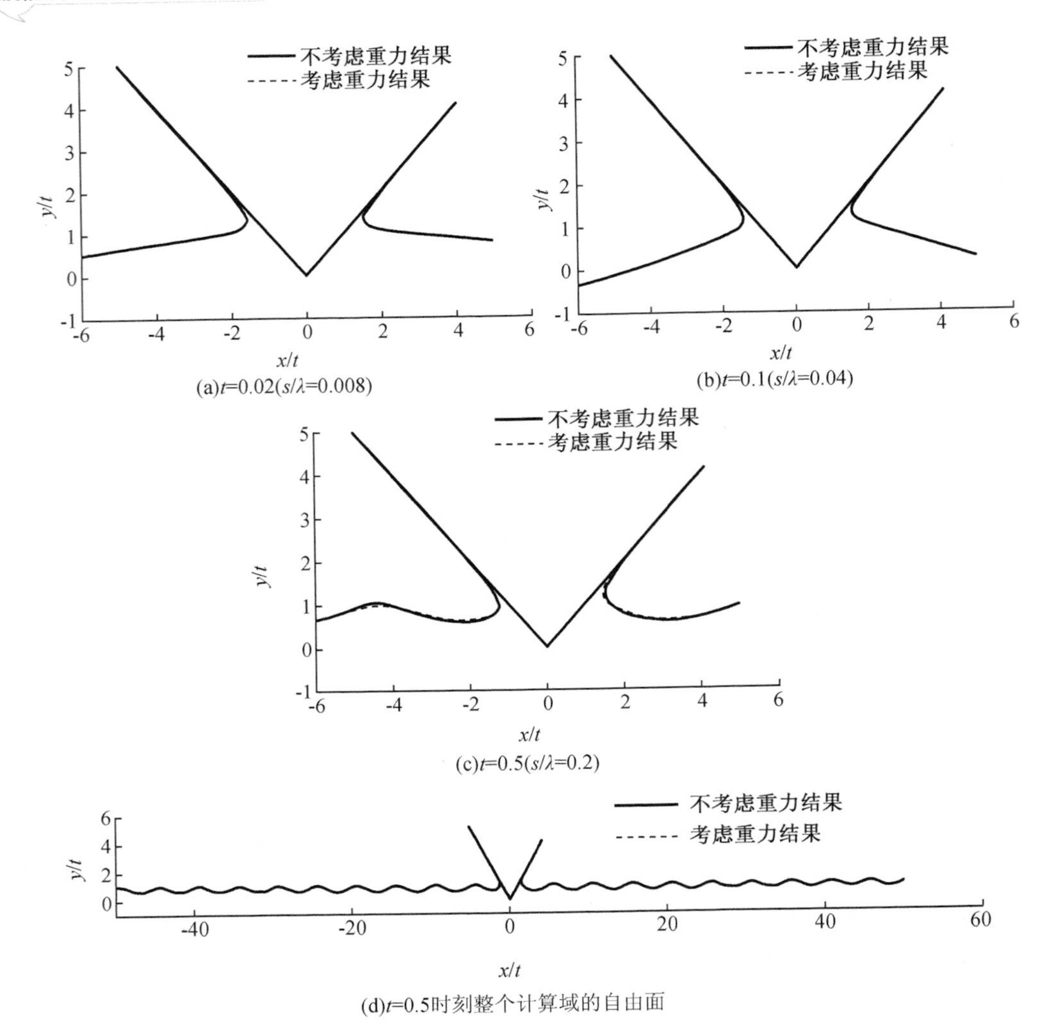

(a)t=0.02(s/λ=0.008)

(b)t=0.1(s/λ=0.04)

(c)t=0.5(s/λ=0.2)

(d)t=0.5时刻整个计算域的自由面

图 3.5 楔形体进入非线性规则波中的自由表面形状变化(H=0.2，λ=2.5)

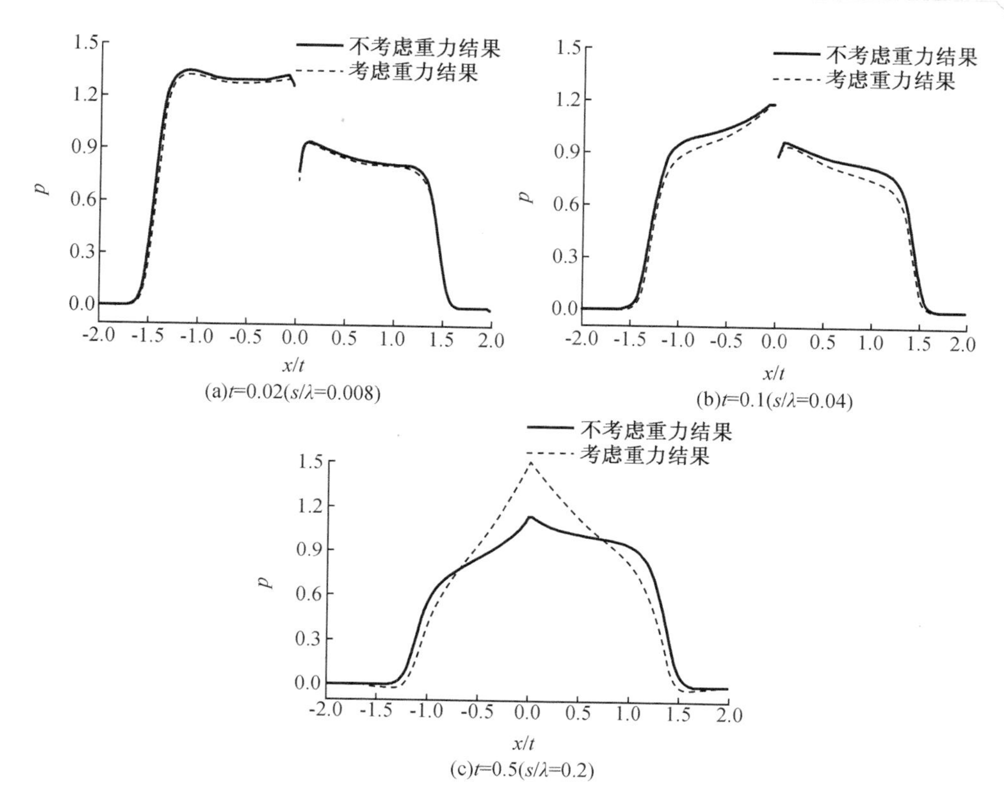

图 3.6　楔形体进入非线性规则波中的物面压力分布变化(H=0.2,λ=2.5)

3.3.3　二维物体垂向进入不同非线性规则波中的受力分析

1. 楔形体在不同波高的波浪中垂向入水

现在考虑楔形体在给定不同波高的 Stokes 波中以恒定速度垂向入水的情况,选取入射波的波长 $\lambda=2.5$,设定初始相位 $\theta_0=0$,波高 H 分别取为 0.1,0.2 和 0.3。根据公式(3.27)可知,与线性理论不同,在给定波长或者波数的情况下,波浪周期或者频率与入射波的波高有关。根据数值计算,三种不同波高对应的周期分别为 3.93,3.84 和 3.69。

图 3.7 和图 3.8 分别给出了不同波高条件下楔形体进入波浪的自由面形状和压力分布。当 $t=0$ 时,楔形体尖端位于波峰,尖端总是位于运动坐标系的坐标原点,自由表面形状是在伸缩坐标系下绘制的。因此,当 $t=0.01$ 时,图 3.7(a)显示的结果其实是在波峰附近区域,波峰区域自由面接近水平,显然,波

面的变形主要来源于楔形体的扰动。在波峰区域，x 方向的入射波的速度分量随着波高 H 的增大而增加，而在 y 方向的速度分量却非常小，等价于垂向入水的楔形体获得一个与入射波 x 方向速度相反的水平速度，这就解释了楔形体左侧自由面的射流高出很多的现象。随着 t 的增加，图 3.7(b) 和图 3.7(c) 的自由面曲线包含一个更大的物理区域，此时自由表面的变形更加明显。

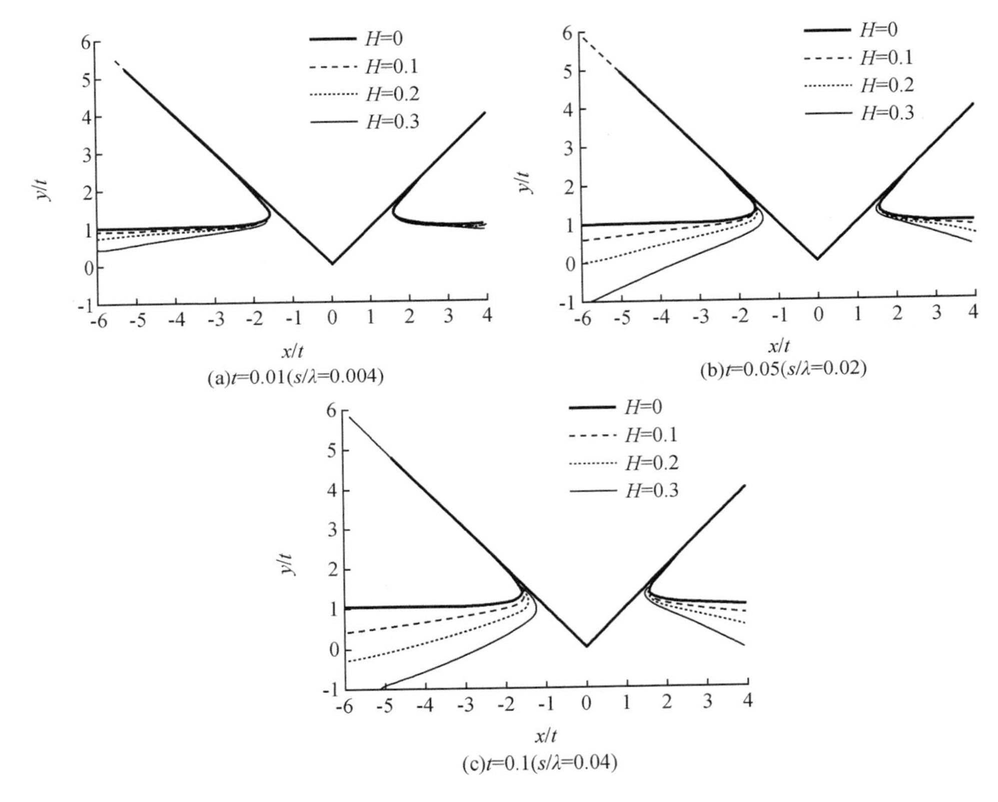

图 3.7 变化波高时的自由面形状($\lambda=2.5$)

当 $t=0.01$ 时，由图 3.8(a) 可见，受入射波水平速度的影响，楔形体左侧表面压力随着入射波波高 H 的增加而增大，不仅如此，楔形体左右两侧表面压力的差别也会随着波高 H 的增加而增大。当 $t=0.05$ 时，与图 3.8(a) 不同的是，楔形体左侧表面的压力随着波高的增加反而降低，这是由于当波高 H 较大时，自由面的坡度也会随之加大，这会导致自由面和楔形体表面之间的交角，也称有效底升角，随着波面坡度的增加而增大，大底升角会导致压力的下降。实际上，在假定波面未被扰动的情况下，楔形体左侧的有效底升角在 $t=0.1$ 时分别为 0.857，0.974 和 1.165。

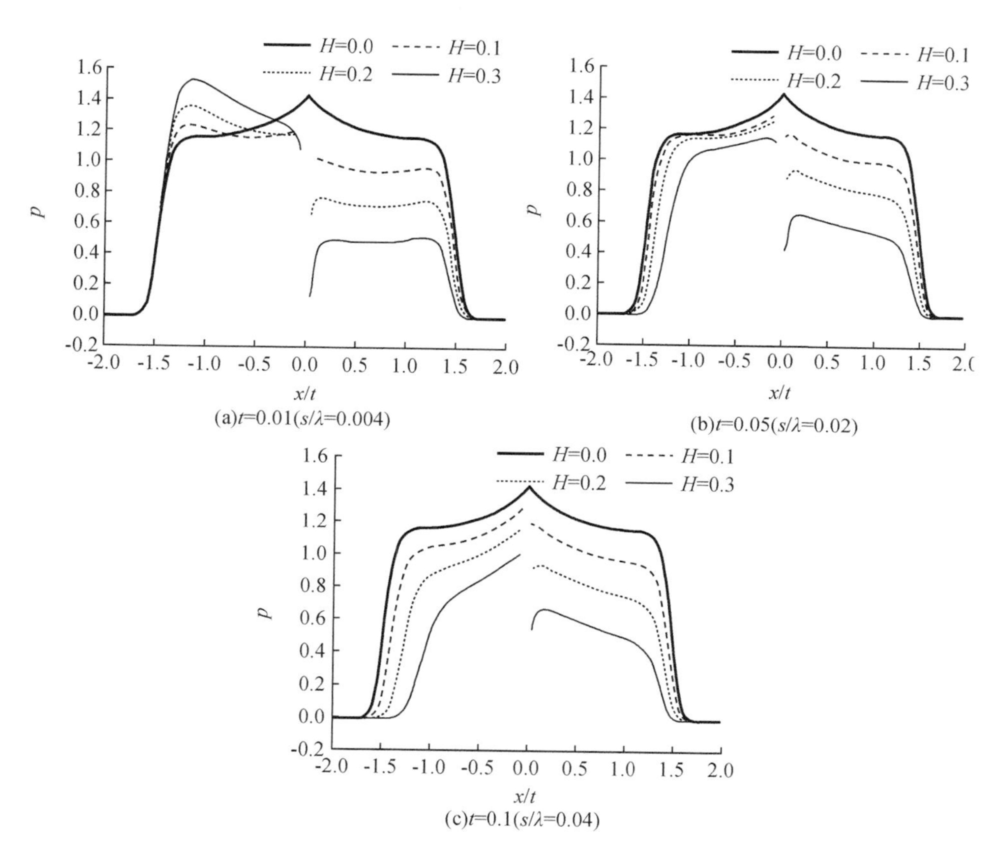

图 3.8　变化波高时的压力分布（$\lambda=2.5$）

2. 楔形体在不同波长的波浪中垂向入水

现在考虑固定波高 $H=0.2$ 及变化波长的情况，设置初始相位 $\theta_0=0$。波长 λ 分别为 10，5 和 2.5。根据公式（3.27），这些波浪相对应的周期分别为 7.91，5.56 和 3.84。可以注意到，随着波长的降低，波浪的坡度会越来越陡，有效底升角也会因此变大。当给定不同波长时，入射波水平速度的变化更加复杂。当 y_0 比较小时，公式（3.24）表明速度势关于 x_0 的偏导数将会随着 λ 的降低而增加。然而在水面以下，项 e^{ky_0} 衰减得非常快，因此当波长降低时波浪水平速度会迅速变小。因此，当 $t=0.01$ 时，楔形体的尖端和自由面很近，水平速度此时起主要作用。楔形体左侧的压力随着 λ 的降低或者 k 的增加而增加。当

$t=0.05$和 0.1 时,尖端离水面越来越远,水平速度的影响越来越弱,然而有效底升角的影响却越来越大,这使得压力的变化更加复杂。

图 3.9 和图 3.10 分别给出了变化波长时的自由面形状和压力分布情况。

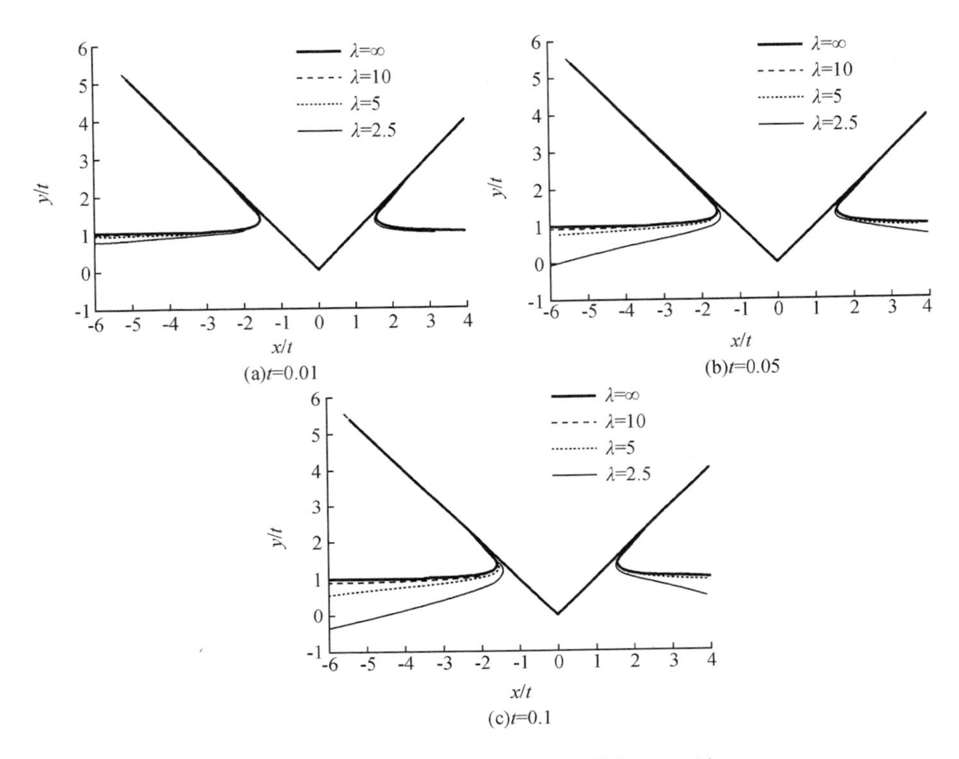

图 3.9 变化波长时的自由面形状($H=0.2$)

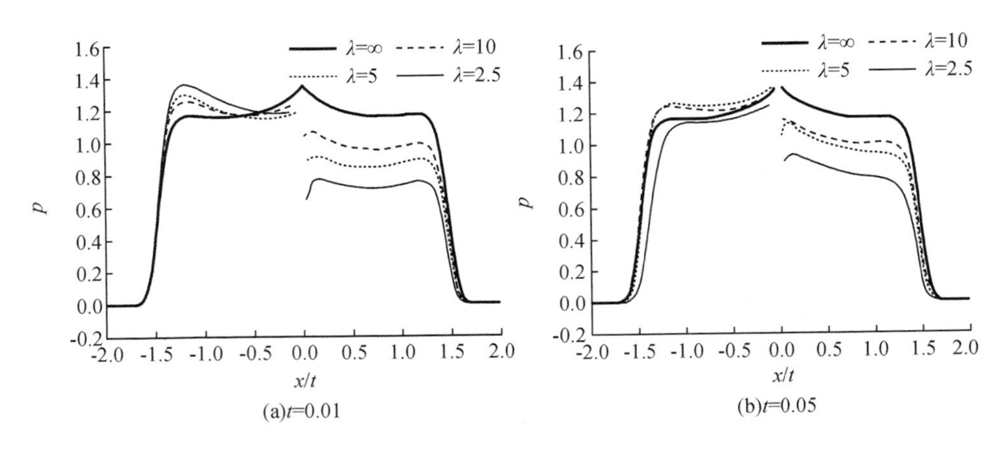

图 3.10 变化波长时的压力分布($H=0.2$)

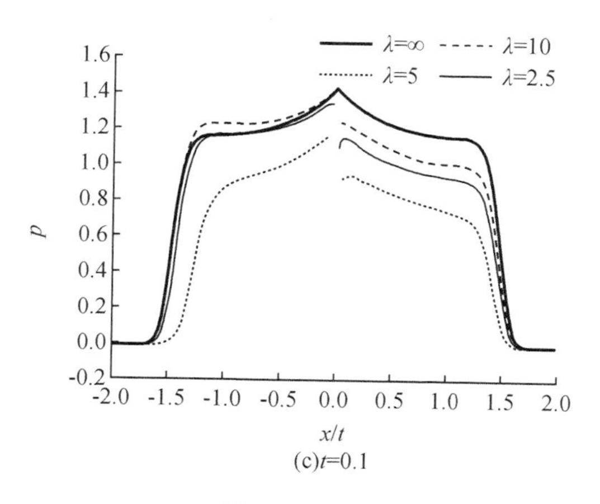

(c)t=0.1

图 3.10(续)

3. Stokes 波的不同位置垂向入水

以上数值结果只考虑了波峰入水情况,当改变入水位置时,现象更加有趣。改变入水位置可以通过调整公式(3.26)的初始相位 θ_0 来实现。$\theta_0=0$ 对应于前面给出的波峰入水情况,本章在接下来的算例中将增加 $\theta_0=\pi/2$ 和 $\theta_0=\pi$ 的算例,物理上分别对应于波节入水和波谷入水。波高和波长分别被设置为 $H=0.2$ 和 $\lambda=2.5$,对应的波浪周期为 $T=3.84$。

图 3.11 和图 3.12 分别给出了楔形体在不同波浪位置入水的自由面形状和压力分布情况。当楔形体在波峰或波谷处入水时,入水位置初始坡度是 0,而且楔形体两侧的有效底升角是相同的,取决于楔形体本身的形状。因此,楔形体两侧的自由面形状和压力的差别主要来源于入射波水平速度的影响。波峰和波谷处入射波的水平速度方向是相反的,因此,在图 3.11 和图 3.12 中,在波峰处入水时,楔形体左侧的自由面升得更高,压力的数值更大,而在波谷处入水,结果表现出恰恰相反的现象。在波节入水时,波节处入射波的水平速度为 0,然而,自由面向下的陡坡会使左侧的有效底升角急剧变小。因此,可以看到波节处入水的楔形体在左侧表面的压力更大。同样也是受有效底升角的影响,波节入水的压力要比波峰和波谷处入水的峰值压力大很多。

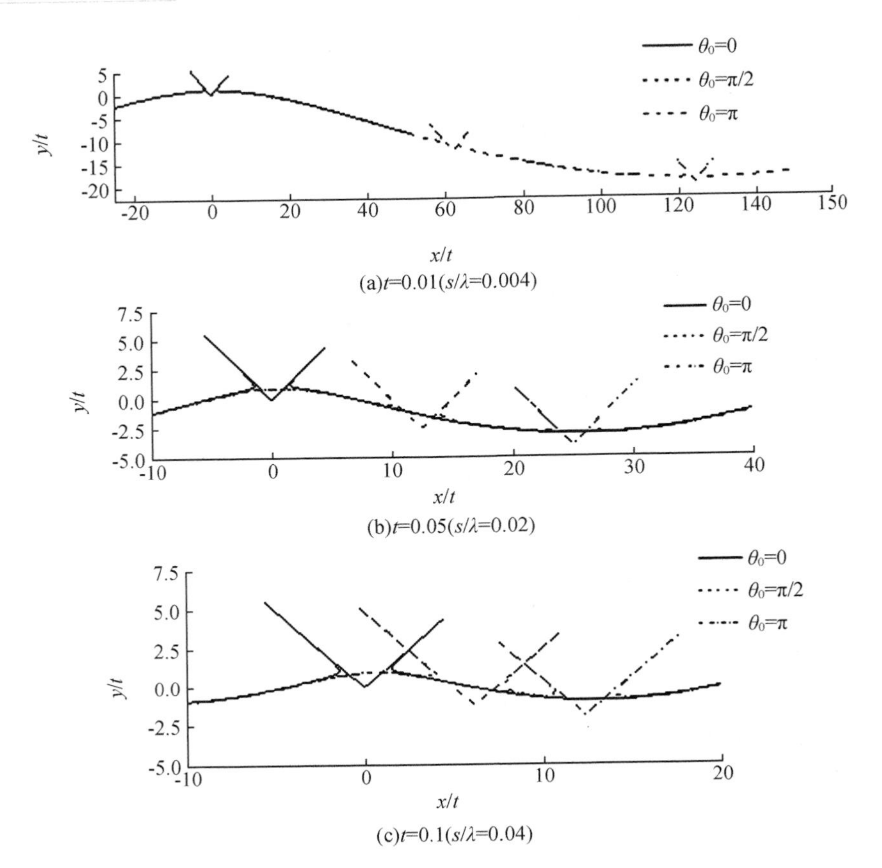

(a)t=0.01(s/λ=0.004)

(b)t=0.05(s/λ=0.02)

(c)t=0.1(s/λ=0.04)

图 3.11　波浪中不同位置入水的自由面形状(λ=2.5，H=0.2)

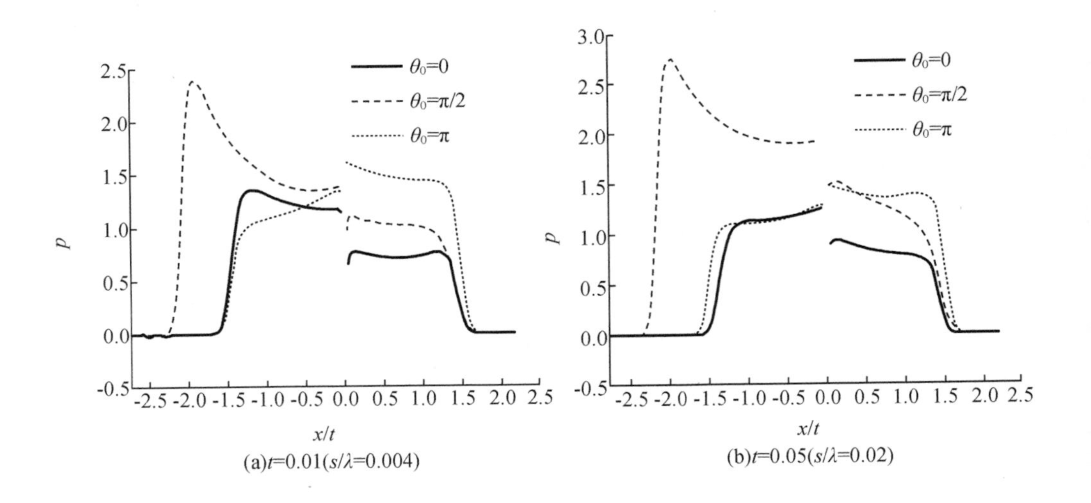

(a)t=0.01(s/λ=0.004)　　(b)t=0.05(s/λ=0.02)

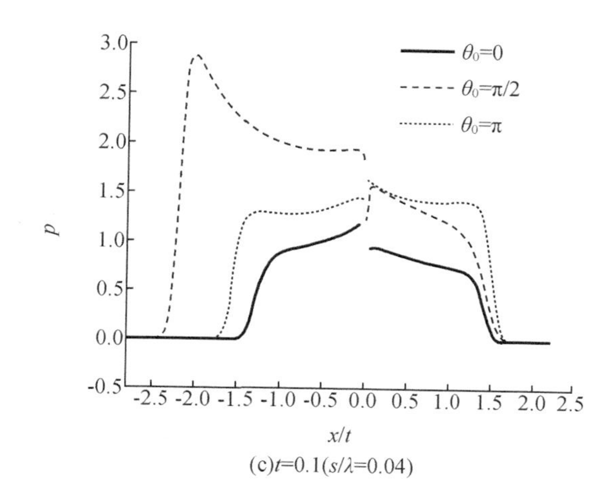

图 3.12　波浪中不同位置入水的压力分布($\lambda=2.5$，$H=0.3$)

3.3.4　二维物体斜向进入非线性规则波的受力分析

楔形体斜向入水的数值模拟可以通过调整公式中的无因次水平速度 ε 来实现。$\varepsilon=0$ 对应于前面的垂向入水。考虑 $U>0$ 的算例，速度 U 对应的无因次水平速度 ε 分别被设置为 0.1，0.3，0.5。考虑 $U<0$ 的算例，无因次水平速度为 $\varepsilon=-0.3$。分别设置波高和波长为 $H=0.2$ 和 $\lambda=2.5$，对应的周期为 $T=3.84$。

由图 3.13 和图 3.14 可见，楔形体水平速度的变化对自由面形状的影响并不显著，而压力变化却对它非常敏感。由于物体是从波峰处入水，在入射波的影响下，流体本身存在着一个向右的运动速度，根据前面的讨论可知，假定入射波不动，相当于对楔形体施加一个向左的水平速度。因此，当 $\varepsilon=0$ 时，左侧的自由面升得更高，并且左侧物体表面压力更大。但当同时给楔形体施加一个向右的水平速度时，流体与楔形体之间的相对水平速度变小，物体表面左侧较高的压力就会下降。当 $\varepsilon<0$ 时，楔形体的运动方向向左，入射波的运动方向向右，楔形体的运动方向与入射波的运动方向相反，两者的相对水平速度增大，由图 3.14 可见，楔形体左侧压力增加得非常明显。由于楔形体尖端的法向导数不连续，两侧的压力差别更大。严格来说，应该在这一点施加 Kutta 条件以保证压力连续性，但这不在本章研究的范围内。

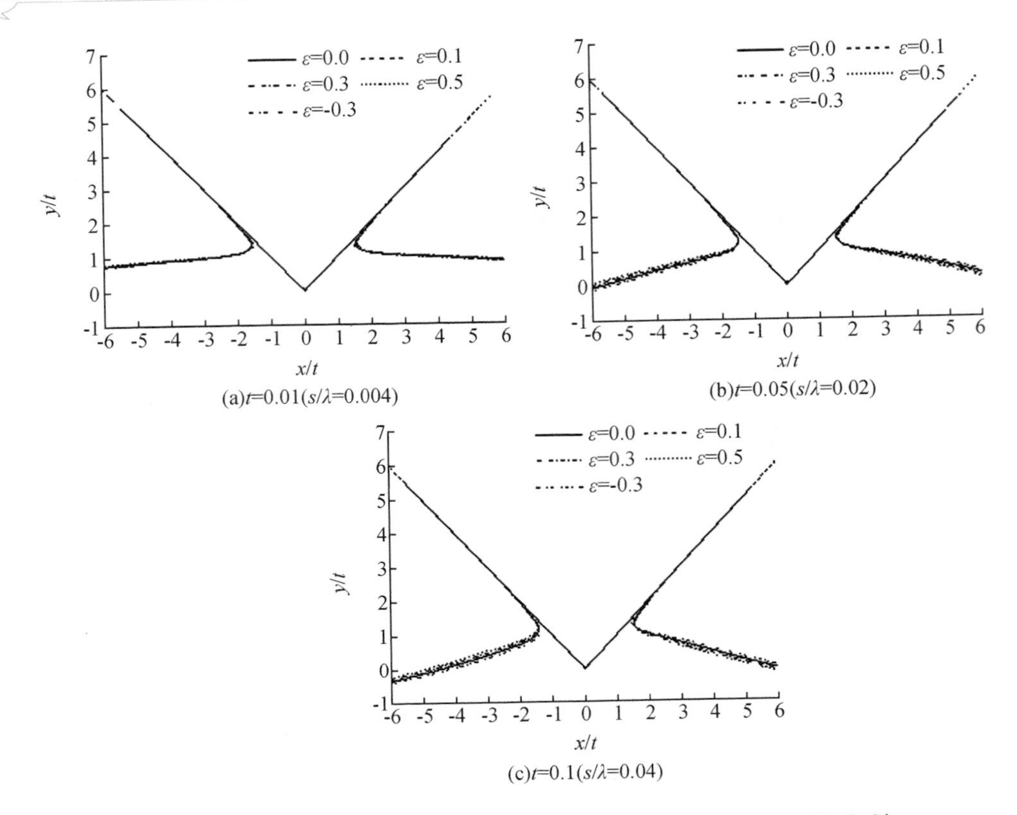

(a)t=0.01(s/λ=0.004)

(b)t=0.05(s/λ=0.02)

(c)t=0.1(s/λ=0.04)

图 3.13 楔形体斜向进入非线性规则波的自由面形状(λ=2.5,H=0.2)

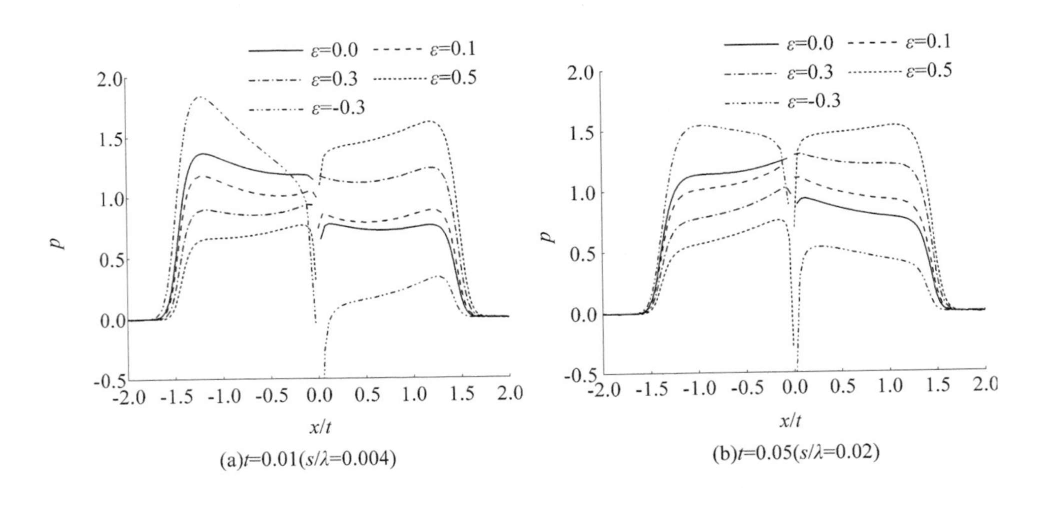

(a)t=0.01(s/λ=0.004)

(b)t=0.05(s/λ=0.02)

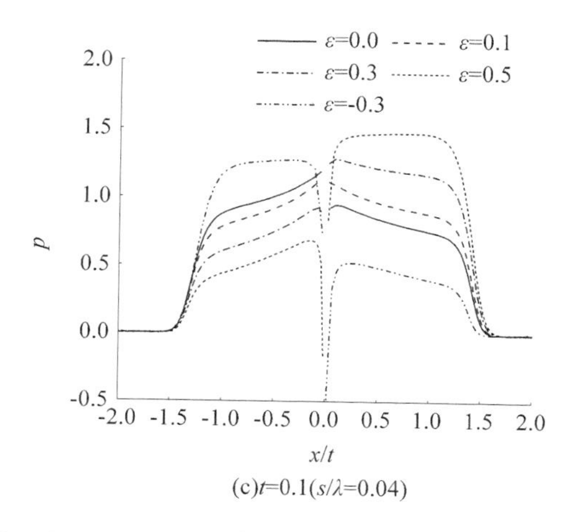

(c)t=0.1(s/λ=0.04)

图 3.14 楔形体斜向进入非线性规则波的压力分布(λ=2.5,H=0.2)

3.4 本章小结

本章基于势流理论,采用完全非线性边界元法研究二维物体在非线性规则波中的受力问题。选取的二维物体模型为一个45°底升角的二维楔形体,选取的非线性规则波为无限水深五阶 Stokes 波,分别研究了重力、波浪效应和自由面变化对二维物体表面压力变化的影响,主要结论如下:

(1)当二维楔形体入水时间远小于入水速度与重力加速度的比值时,重力效应可以忽略。随着二维楔形体入水过程的持续或者入水时间的增强,重力效应对压力分布的影响不断增加。压力分布的形状,峰值压力位置和峰值压力都会发生显著改变,并且射流根部附近的压力梯度也会发生很大变化。随着入水时间的继续增加,重力效应最终会使附着在物体表面的射流下落,附着的流体将不再有实际物理意义,对此课题本书将在下一章进行研究。

(2)当楔形体以垂向速度进入给定波长的 Stokes 波时,波高越大,入射波的水平速度就越大,较大的入射波水平速度会导致楔形体迎浪面的物体表面压力升高,而背浪面的物体表面压力降低。然而,较大的波高也会使有效底升角增加,从而导致压力的下降。这些现象使压力变化变得复杂。

(3)波长的影响更加复杂。由于波长的变化,波浪水平速度发生变化,随着深度的增加,波浪水平速度在深度方向快速衰减,此外,有效底升角在此过程中也会发生变化。

(4)楔形体在 Stokes 波的不同位置垂向入水,等价于楔形体在波浪的不同相位入水,相对水平速度和有效底升角将随之发生改变,在不同入水位置压力变化表现出不同的特征。

(5)在斜向入水过程中,迎浪面的物体表面压力随着相对水平速度的增大而升高,而背浪面的物体表面压力则会降低。相对水平速度增大使楔形体尖端压力的不连续更加显著。

第4章　波能转换装置在破碎波中的砰击现象

基于不可压缩理论建立考虑气泡效应的破碎波砰击波能转换装置数学模型,采用时域内的非线性边界元法对此数学模型进行求解。引入双重坐标系技术,解决初始砰击时刻、速度和压力在时空内快速变化所带来的数值不准确问题,即在波峰砰击区域周围流场,采用伸缩坐标系,在主流体域,采用物理坐标系,入射波的变形和传播也将在此物理坐标系下模拟。在两计算域交界面处,施加速度和压力连续性条件。当砰击区域尺度相对于物体尺度,例如长度,不再是小量时,可合并两个计算域,在单域内继续完成后续阶段的模拟。捕捉气泡是浮体与翻卷波浪相互作用时的常见现象,为处理这一现象,在气泡内部,假设气体经历一个绝热可压缩变化过程。采用辅助函数法解耦流体载荷、物体运动与气泡变形。在结果分析中,让破碎波砰击应用到一些简化的工程算例中,例如包括海岸墙(将其考虑为固壁)、自由运动船舶、浮式防波堤和张力腿平台等,这些算例的区别主要来自锚泊方式的差别,因此这些工程算例也与波能装置在不同锚泊方式下的水动力性能类似。通过针对不同条件下压力、自由形状、气泡变形和物体运动结果的详细讨论,得出一些有实际意义的结论。

4.1　翻卷波浪砰击浮体研究动态

破碎波是一种常见的、猛烈的、具有极大破坏力的海洋现象。极端海洋环境是其发生的诱因之一,例如飓风、风暴和海啸等。在平稳海况下,波浪在一些诱导因素作用下也可能发生破碎,例如海底深度变化、波浪相互作用和液舱晃荡等。破碎波在冲击海洋结构物过程中产生的巨大流体载荷,将对海洋结构物的安全造成极大的威胁。在极端海情下,海洋平台等浮式结构物可能损坏,甚至倾覆。例如,在2005年,Katrina飓风引起的极端海况完全毁灭了44座海洋平台，严重破坏了21座其他海洋结构物。在2006年，印尼渡轮“Senopati Nusantara”由于暴风雨的侵袭在爪哇岛海域发生沉船事故，四百多人在事故中丧生。波浪破碎是伴随极端海情的常见现象之一，因此有关破碎波砰击浮式结构物的研究不仅具有重要的工程价值，还具有重要的社会意义。

在破碎波砰击中，流场中包括速度、压力、自由面等流动特性是非常复杂的。当翻卷波峰撞击结构物时，流体的流动路径突然被阻挡。流体流动方向必须快速转向，意味着流体与结构物之间将产生一个较大的加速度，同时产生一个非常大的压力梯度。翻卷波峰砰击物体的物理过程在很多文章中均有描述，例如Bagnold[68]、Tanizawa和Yu[69]，Zhang等[70]的文章，这些学者在研究过程中也提出了各种各样的研究方法。Tanizawa和Yue[69]提出一个无壁面假设，即假设波浪在到达物面以后，波浪像没有碰到壁面一样，继续传播。只有当波面与物面相交区域足够大时，才将相交区域作为初始湿表面，砰击模拟从此刻开始。Zhang等人[70]在1996年将初始砰击阶段处理为一个自相似问题，将波峰近似为非对称的液椎，假设砰击速度为常数并且垂直于壁面，远离壁面波面形状以指数规律变化。Wu[47]将伸缩坐标系技术应用于波峰砰击壁面问题，然后研究一个液滴对壁面和楔形体的砰击。Duan等[71]研究楔形波峰对海岸墙转角的砰击。当结构剖面不再快速变化，例如一个瘦体船的船中剖面部分，可采用二维近似研究瘦体船在横浪条件下的砰击，类似于船舶切片理论。因此，采用二维方法研究破碎波砰击仍然可以体现出问题的基本物理特性。

流体的运动特性，尤其是砰击速度被普遍认为是波峰砰击壁面过程中最重要的影响因素。然而，许多学者还证实捕捉气泡在破碎波砰击过程也起着重要的作用。若考虑捕捉气泡的影响，需要考虑气泡的压缩与膨胀，气泡体积和气泡内气体压力也随之变化。Bagnold[68]于1939年进行一个针对气泡效应的波浪水池实验。他发现细气泡的冲击压力大于厚气泡的冲击压力，当气泡厚度超过气泡高度的一半时，可忽略气泡的冲击力。Hattori等人[72]采用实验方法研究了气泡效应对波浪砰击压力的影响。研究发现考虑气泡的砰击压力显著大于不考虑气泡的砰击压力。他们同时发现砰击压力特性与俘获气泡紧密相关。细气泡条件下压力振荡的幅值与频率显著大于厚气泡时的结果。若捕捉到厚气泡，压力传感器收集到的压力结果快速达到峰值，随后，在气泡周期性脉动影响下，压力以一个衰减幅值随时间振荡。早期关于破碎波砰击的数值工作主要是基于各种近似，例如 Wagner 理论和渐进匹配展开方法等。这些近似方法对于各种工程问题都是十分有效的。然而，这些近似都具有各种各样的限制。采用数值方法则不需要进行各种忽略或近似，例如 Song[73] 基于势流理论提出了一个研究此问题的双重坐标系技术。假设在捕捉气泡内部，气体满足绝热可压缩状态方程，相应地，可以推导出气泡边界满足的动力学和运动学边界条件。双重坐标系对应于两个计算域，分别为主流体域和局部砰击域，在主流体域采用物理坐标系，在局部砰击域采用伸缩坐标系，伸缩坐标系技术来源于 Wu[64] 的工作。波峰砰击区域在初始阶段尺度是小量，但内部物理量却在时空维度快速变化，采用物理坐标下的粗网格没有可能得到此区域的精确解，采用局部拓展域是解决此问题的有效方法。在局部砰击域与物理域的交界面，施加速度与压力连续性边界条件，保证两个域的连续性。Song 在研究过程中只考虑了翻卷波峰砰击固壁的情况。

前述工作极大地拓展了学术界对于破碎波砰击问题物理特性的理解。然而，在考虑气泡效应的砰击问题中，大部分工作是针对于固壁。实际上，翻卷波浪与浮体之间发生砰击是更加普遍的现象。由于物体的运动，一些新的物理特性也会显现出来。其中较显著的物理特征是砰击载荷、物体运动、气泡运动与变形，以及气泡内气体压力振荡是完全耦合的。因此，本章在破碎波砰击固壁问题的基础上，进一步研究了破碎波砰击浮体的情况，并基于不可压缩势流理论模拟流体的运动。Khabakhpasheva 和 Wu[74] 研究发现，对于砰击力，流体的可压缩性在开始发生砰击的一个极小时间段内是非常重要的。研究中发现，需要考虑可压缩性的这一极小时间段内，波浪与物体之间的动量交换也是非常小的，因此可压缩效应所带来的影响也是可以忽略的。将完全非线性边界条件施加于自由面和气泡边界上，采用时间步进积分方法获得自由液面和气泡的变形。在每个时间步，采用边界元法（BEM）求解流场的速度势。将双重坐标系技术应用于砰击初始阶段。采用辅助函数法解耦流体载荷、物体运动与气泡变形。最后对结果进行收敛性分析，并将本书数值计算程序的结果与前人固壁结果进行对比，以验证数值计算过程的准确性。接下来，本章还将此数值过程应用于一般的工程实例，例如自由运动船舶、锚链约束的浮式防波堤和张力腿约束的海洋平台等。

4.2 数学模型与数值过程

4.2.1 控制方程与边界条件

图 4.1 描述了翻卷波浪卷入气泡以后,波峰砰击浮体的过程。在翻卷波峰触碰到物体的时刻,物面 S_B 与内自由面 S_N 之间将卷入一个气泡,外自由面 S_F 一直与外界大气接触。定义一个笛卡儿空间固定坐标系 $O'-xy$,其中 x 轴与 $-\infty$ 处的静水面重合,y 轴竖直向上。此外还定义一个随体坐标系 $O-\xi\eta$,其圆心位于旋转中心,ξ 轴和 η 轴分别垂直于和平行于物体中心线。采用水密度 ρ、重力加速度 g 和水深 h 作为无因次化的基本量。无因次化以后,关于重心 G 的水平和垂向速度分别用符号 U 和 W 表示,若重心 G 与旋转重心重合,则关于重心 G 的旋转速度用符号 Ω 表示。假设流体是不可压缩的,无旋的和无黏性的、则可采用梯度为流体质点速度的速度势 φ 来描述流场。

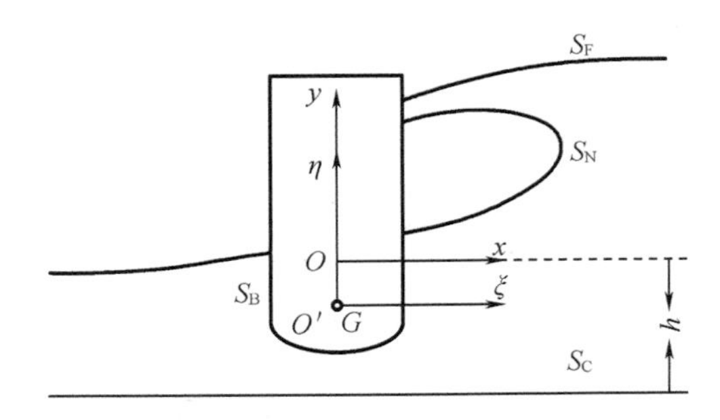

图 4.1 破碎波砰击浮体示意图

在流体域内部,全部速度势 φ 包含入射势和扰动势,两者均满足拉普拉斯方程

$$\nabla^2\varphi=0 \tag{4.1}$$

假设捕捉气泡内部经历一个绝热可压缩变化过程,则气泡内气体压力可以表达为

$$p=p_0\left(\frac{V_0}{V}\right)^{\gamma} \tag{4.2}$$

式中,V_0 为翻卷波峰接触壁面瞬时的卷入气泡体积;V 为砰击发生以后随时间

变化的气泡体积；γ 为热力学系数。体积 V 采用沿气泡表面进行数值积分的方法计算。将伯努利方程与气泡内部绝热可压缩状态方程结合，并忽略表面张力，内自由面 S_N 满足的动力学边界条件可表达为

$$\frac{D\varphi}{Dt}=\frac{1}{2}\nabla\varphi\cdot\nabla\varphi+\frac{1}{2}u_0^2-(y-\Delta h)-p_0\left[\left(\frac{V_0}{V}\right)^{\gamma}-1\right] \tag{4.3}$$

式中，$D\varphi/Dt$ 为基于拉格朗日思想的流体质点物质导数。考虑外界大气压为常数，外自由面 S_F 上的动力学边界条件可表达为

$$\frac{D\varphi}{Dt}=\frac{1}{2}\nabla\varphi\cdot\nabla\varphi+\frac{1}{2}u_0^2-(y-\Delta h) \tag{4.4}$$

外自由面 S_F 和内自由面 S_N 上的运动学边界条件具有相同的形式，即

$$\frac{Dx}{Dt}=\frac{\partial\varphi}{\partial x},\frac{Dy}{Dt}=\frac{\partial\varphi}{\partial y} \tag{4.5}$$

物体表面不可穿透边界条件可表达为

$$\frac{\partial\varphi}{\partial n}=\boldsymbol{V}\cdot\boldsymbol{n}=Un_x+Wn_y+\Omega(Xn_y-Yn_x) \tag{4.6}$$

式中，$(X,Y)=(x-x_G,y-y_G)$ 为 $O-xy$ 坐标系下关于旋转重心(x_G,y_G)的位置矢量，$\boldsymbol{V}=(U-\Omega Y,W+\Omega X)$ 为速度矢量，$\boldsymbol{n}=(n_x,n_y)$ 为指向流体域外的物面法向。水底物面边界条件可表达为

$$\frac{\partial\varphi}{\partial n}=0 \tag{4.7}$$

在远场，扰动消失，只有入射波存在，对应的边界条件为

$$\begin{cases}\dfrac{\partial\varphi}{\partial x}=0, & x\to-\infty\\[2ex] \dfrac{\partial\varphi}{\partial x}=-u_0, & x\to\infty\end{cases} \tag{4.8}$$

在实际数值模拟中，须采用一个给定的边界将计算域截断。截断边界应距离物体足够远，以保证物体的扰动不会被截断边界反射回来。基于拉普拉斯方程、上述边界条件和初始条件，流体/结构物相互作用问题可在时域内采用第2章边界元法进行求解。

4.2.2 适用于初始砰击阶段的局部坐标系

在翻卷波峰冲击物体表面时刻，接触区域或湿表面从一个点开始迅速扩

大。在此过程中，诸如压力和速度等局部参数将经历时间和空间上的快速变化。在此极小湿表面范围内，需要布置大量网格去获取准确的数值结果，这将带来很多数值困难，为此本章在砰击区域采用伸缩坐标系进行求解。伸缩坐标系方法已经被广泛应用于入水砰击问题。然而本书工作与前人工作仍然有很大不同，对于入水砰击问题，外场的边界条件是解析的或是已知的，而本书只能通过数值方法求解翻卷波浪场。例如，楔形体入静水问题，假设外边界流场是未被扰动的。在本书中，伸缩坐标系下的砰击域远场边界条件来源于物理坐标系下模拟的翻卷波浪。不同坐标系下的数值结果应当保证流场速度和压力的连续性。

定义一个伸缩坐标系 $O-\alpha\beta$，圆心位于翻卷波峰首次接触物面的点。α 与物面垂直，β 沿物面切线方向，如图 4.2 所示。伸缩坐标系 $O-\alpha\beta$ 连同它的圆心(x_s, y_s)一起随物体运动。在砰击发生时刻，点(x_s, y_s)可转化为

$$\xi_p = (x_s - x_G)\cos\gamma + (y_s - y_G)\sin\gamma \tag{4.9}$$

$$\eta_p = -(x_s - x_G)\sin\gamma + (y_s - y_G)\cos\gamma \tag{4.10}$$

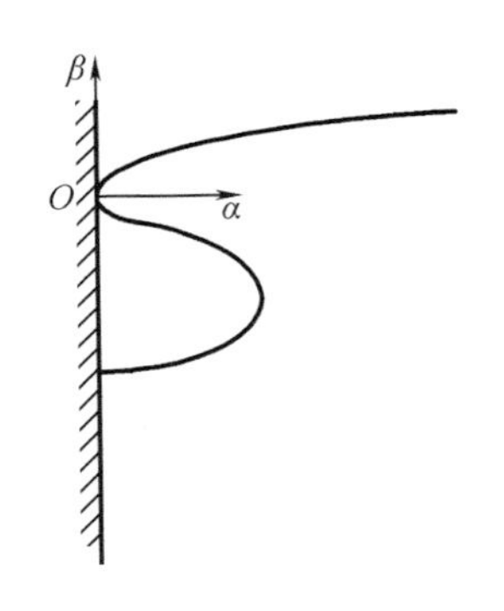

(a)物理坐标系中砰击发生时刻波面形状

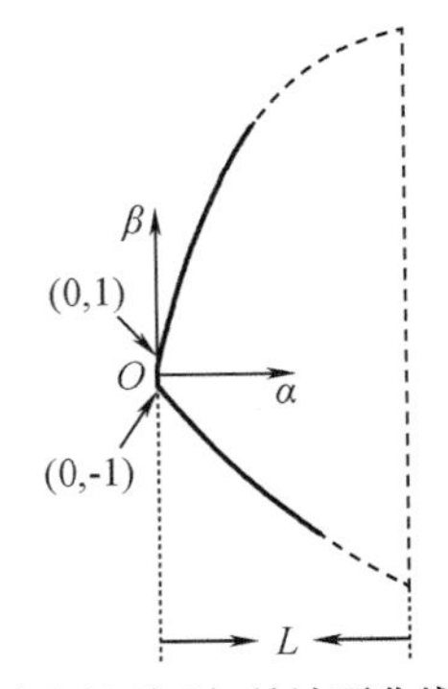

(b)伸缩坐标系下初始波面曲线网格离散

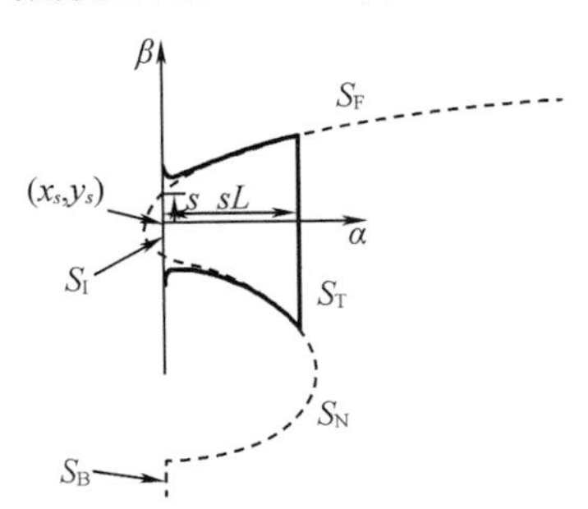

(c)物理坐标系与局部坐标系匹配

图 4.2　翻卷波峰砰击无限高度浮体示意图

在公式(4.1)前定义的 $O'-\xi\eta$ 坐标系下,(ξ_p,η_p) 与时间无关。定义伸缩坐标系

$$s\alpha=(x-x_G)\cos\gamma+(y-y_G)\sin\gamma-\xi_p \tag{4.11}$$

$$s\beta=-(x-x_G)\sin\gamma+(y-y_G)\cos\gamma-\eta_p \tag{4.12}$$

$$s\varphi=\varphi \tag{4.13}$$

式中,$s(t)$ 为随时间变化的伸缩系数,其大小为波峰与物面交线的一半,假设翻卷波浪继续前进,像没有碰到壁面一样,翻卷波峰与物面交线不断扩大,如图4.2所示。在砰击发生时刻,假设 $s(t)$ 与伸缩系数 s_0 相等。在公式(4.11)和公式(4.12)中,重心 G 的位移采用下式计算

$$q_x(t)=\int_0^t U(\tau)\mathrm{d}\tau \tag{4.14}$$

$$q_y(t)=\int_0^t W(\tau)\mathrm{d}\tau \tag{4.15}$$

旋转重心 γ 的计算式为

$$\gamma(t)=\int_0^t \Omega(\tau)\mathrm{d}\tau \tag{4.16}$$

基于公式(4.11)和公式(4.12),可以得到

$$\varphi_\alpha=\varphi_x\cos\gamma+\varphi_y\sin\gamma \tag{4.17}$$

$$\varphi_\beta=-\varphi_x\sin\gamma+\varphi_y\cos\gamma \tag{4.18}$$

公式(4.11)和公式(4.12)的时间导数为

$$\frac{\mathrm{D}s\alpha}{\mathrm{D}t}=\left(\frac{\mathrm{D}x}{\mathrm{D}t}-U\right)\cos\gamma+\left(\frac{\mathrm{D}y}{\mathrm{D}t}-W\right)\sin\gamma+\Omega[-(x-x_G)\sin\gamma+(y-y_G)\cos\gamma] \tag{4.19}$$

$$\frac{\mathrm{D}s\beta}{\mathrm{D}t}=-\left(\frac{\mathrm{D}x}{\mathrm{D}t}-U\right)\sin\gamma+\left(\frac{\mathrm{D}y}{\mathrm{D}t}-W\right)\cos\gamma-\Omega[(x-x_G)\cos\gamma+(y-y_G)\sin\gamma] \tag{4.20}$$

将公式(4.11)、公式(4.12)、公式(4.17)和公式(4.18)代入到公式(4.19)和公式(4.20)中,伸缩坐标系下运动学边界条件可转化为

$$\frac{\mathrm{D}s\alpha}{\mathrm{D}s}\cdot\frac{\mathrm{D}s}{\mathrm{D}t}=\varphi_\alpha-U\cos\gamma-W\sin\gamma+\Omega(s\beta+\eta_p) \tag{4.21}$$

$$\frac{\mathrm{D}s\beta}{\mathrm{D}s}\cdot\frac{\mathrm{D}s}{\mathrm{D}t}=\varphi_\beta+U\sin\gamma-W\cos\gamma-\Omega(s\alpha+\xi_p) \tag{4.22}$$

将公式(4.11)、公式(4.12)、公式(4.17)和公式(4.18)代入动力学边界条

件公式(4.3)和公式(4.4)中,在内自由面有

$$\frac{\mathrm{D}s\varphi}{\mathrm{D}s}\cdot\frac{\mathrm{D}s}{\mathrm{D}t}=\frac{1}{2}\nabla\varphi\cdot\nabla\varphi+\frac{1}{2}u_0^2-\left[y_G+(s\alpha+\xi_p)\sin\gamma+(s\beta+\eta_p)\cos\gamma-\Delta h\right]-p_0\left[\left(\frac{V_0}{V}\right)^\gamma-1\right] \tag{4.23}$$

在外自由面有

$$\frac{\mathrm{D}s\varphi}{\mathrm{D}s}\cdot\frac{\mathrm{D}s}{\mathrm{D}t}=\frac{1}{2}\nabla\varphi\cdot\nabla\varphi+\frac{1}{2}u_0^2-\left[y_G+(s\alpha+\xi_p)\sin\gamma+(s\beta+\eta_p)\cos\gamma-\Delta h\right] \tag{4.24}$$

速度增长率 $\mathrm{d}s/\mathrm{d}t=0.5\varphi_n/n_y$,其中 φ_n 和 n_y 取自于物面与未被扰动自由面交点的内外自由面。基于这样的考虑,砰击域尺度将正比于 s,并且砰击效应呈指数衰减[75],取 $\alpha=L$ 作为伸缩坐标系下域的截断边界。在截断边界 S_{T},假设扰动势充分衰减,只有入射波存在,因此有

$$\frac{\partial\varphi}{\partial n}=\frac{\partial\varphi_{\mathrm{I}}}{\partial n} \tag{4.25}$$

应该指出,公式(4.25)中截断边界的法向分别取自伸缩坐标系和笛卡儿物理坐标系,并且均指向伸缩坐标系下的流体域外。公式(4.25)右端的$\frac{\partial\varphi_{\mathrm{I}}}{\partial n}$根据无壁面假设通过插值获取,也就是通过上下自由面的速度势梯度插值求解。。

4.2.3 压力

基于伯努利方程,流场压力公式为

$$p-p_0=-\varphi_t-\frac{1}{2}|\nabla\varphi|^2+\frac{1}{2}u_0^2-(y-\Delta h) \tag{4.26}$$

其中速度势 φ 基于前述边界条件,采用边界积分公式便可求解,边界积分公式参考第2章,相应地,可以求解速度势梯度。然而,速度势时间导数 φ_t 仍然是未知的。为处理这一问题,本章采用辅助函数法进行求解。不难发现,φ_t 也满足拉普拉斯方程。φ_t 在物面的法向导数可以写为[41]

$$\frac{\partial\varphi_t}{\partial n}=(\dot{\boldsymbol{U}}+\dot{\boldsymbol{\Omega}}\times\boldsymbol{X})\cdot\boldsymbol{n}-\boldsymbol{U}\cdot\frac{\partial\nabla\varphi}{\partial n}+\boldsymbol{\Omega}\cdot\frac{\partial}{\partial n}\left[\boldsymbol{X}\times(\boldsymbol{U}-\nabla\varphi)\right] \tag{4.27}$$

式中,$\boldsymbol{U}=U\boldsymbol{i}+V\boldsymbol{j}$,$\boldsymbol{\Omega}=\Omega\boldsymbol{k}$,且 $\boldsymbol{k}=\boldsymbol{i}\times\boldsymbol{j}$;上标点表示时间导数。需要特别注意公

式(4.27)中的加速度,在求得力之前,它是未知的。为了对这一耦合问题进行解耦,定义

$$\varphi_t = \chi_0 + \dot{U}\chi_1 + \dot{V}\chi_2 + \dot{\Omega}\chi_3 \tag{4.28}$$

在这里$\chi_i(i=0,1,2,3)$满足拉普拉斯方程。辅助函数满足的物面边界条件为

$$\begin{aligned}\frac{\partial\chi_0}{\partial n} &= -\boldsymbol{U}\cdot\frac{\partial\nabla\varphi}{\partial n} + \boldsymbol{\Omega}\cdot\frac{\partial}{\partial n}[\boldsymbol{X}\times(\boldsymbol{U}-\nabla\varphi)] \\ &= -(W+\Omega X)\frac{\partial\varphi_y}{\partial n} + (-U+\Omega Y)\frac{\partial\varphi_x}{\partial n} + \Omega[n_x(W-\varphi_y) - n_y(U-\varphi_x)]\end{aligned} \tag{4.29}$$

$$\frac{\partial\chi_1}{\partial n} = n_x \tag{4.30}$$

$$\frac{\partial\chi_2}{\partial n} = n_y \tag{4.31}$$

$$\frac{\partial\chi_3}{\partial n} = (Xn_y - Yn_x) \tag{4.32}$$

在水底有

$$\frac{\partial\chi_i}{\partial n} = 0, i = 0,1,2,3 \tag{4.33}$$

在内和外自由面,假设与加速度相关的辅助函数为0,则有

$$\chi_i(i=1,2,3) = 0 \tag{4.34}$$

在内自由面χ_0满足

$$\chi_0 = -\frac{1}{2}|\nabla\varphi|^2 + \frac{1}{2}u_0^2 - (y-\Delta h) - p_0\left[\left(\frac{V_0}{V}\right)^\gamma - 1\right] \tag{4.35}$$

在外自由面χ_0满足

$$\chi_0 = -\frac{1}{2}|\nabla\varphi|^2 + \frac{1}{2}u_0^2 - (y-\Delta h) \tag{4.36}$$

在远场,物面边界条件形式为

$$\frac{\partial\chi_i}{\partial n} = 0, i = 0,1,2,3, x\to\infty \tag{4.37}$$

直接求解公式(4.27)中二阶导数非常困难。因此本书采用 Xu 和 Wu[46]的方向转化关系式

$$\frac{\partial\varphi_y}{\partial n}=\frac{\partial\varphi_x}{\partial l},\frac{\partial\varphi_x}{\partial n}=-\frac{\partial\varphi_y}{\partial l} \tag{4.38}$$

其中 $\boldsymbol{l}$ 沿物面切线方向，通过 $\boldsymbol{n}$ 逆时针转动 90 度获取，则有 $l_x=-n_y$ 和 $l_y=n_x$。在伸缩坐标系下，定义

$$\varphi_t=\chi_0'+\dot{U}s\chi_1'+\dot{V}s\chi_2'+\dot{\Omega}s\chi_3' \tag{4.39}$$

类似于公式(4.29)至公式(4.32)，在伸缩坐标系下关于辅助函数的物面边界条件可写为

$$\begin{aligned}\frac{\partial\chi_0'}{\partial n}&=-\boldsymbol{U}\cdot\frac{\partial\nabla\varphi}{\partial n}+\boldsymbol{\Omega}\cdot\frac{\partial}{\partial n}[\boldsymbol{X}\times(\boldsymbol{U}-\nabla\varphi)]\\&=-(W+\Omega X)\frac{\partial(\varphi_\alpha\sin\gamma+\varphi_\beta\cos\gamma)}{\partial n}+(-U+\Omega Y)\frac{\partial(\varphi_\alpha\cos\gamma-\varphi_\beta\sin\gamma)}{\partial n}+\\&\quad s\Omega[(n_\alpha\cos\gamma-n_\beta\sin\gamma)(W-\varphi_\alpha\sin\gamma-\varphi_\beta\cos\gamma)-(n_\alpha\sin\gamma+n_\beta\cos\gamma)\cdot\\&\quad(U-\varphi_\alpha\cos\gamma+\varphi_\beta\sin\gamma)]\end{aligned} \tag{4.40}$$

$$\frac{\partial\chi_1'}{\partial n}=n_\alpha\cos\gamma-n_\beta\sin\gamma \tag{4.41}$$

$$\frac{\partial\chi_2'}{\partial n}=n_\alpha\sin\gamma+n_\beta\cos\gamma \tag{4.42}$$

$$\frac{\partial\chi_3'}{\partial n}=[X(n_\alpha\sin\gamma+n_\beta\cos\gamma)-Y(n_\alpha\cos\gamma-n_\beta\sin\gamma)] \tag{4.43}$$

采用如下关系式确定位置矢量与拓展坐标系关系

$$X=(s\alpha+\xi_p)\cos\gamma-(s\beta+\eta_p)\sin\gamma \tag{4.44}$$

$$Y=(s\alpha+\xi_p)\sin\gamma+(s\beta+\eta_p)\cos\gamma \tag{4.45}$$

在内外自由面，关于辅助函数的边界条件与公式(4.35)和(4.36)具有相同的形式。在远场，边界条件为

$$\frac{\partial\chi_0'}{\partial n}=\frac{\partial\varphi_{1t}}{\partial n},\alpha=L \tag{4.46}$$

$$\frac{\partial\chi_i'}{\partial n}=0,i=1,2,3,\alpha=L \tag{4.47}$$

采用上下自由面结果线性插值获得公式(4.46)右端数值。将辅助函数法同时应用于物理坐标系和伸缩坐标系，计算各自域内相应湿表面的压力。在物理域和伸缩域交界面，施加连续性边界条件。辅助函数的求解与速度势的求解是完全相同的。越过初始砰击阶段以后，当砰击区域湿面积相对于物体尺度不

再是小量时，将不再需要伸缩坐标系，此时可将物理域与伸缩域合并，在单域内继续完成后续计算工作。

4.2.4 物体运动

基于牛顿运动定律，物体运动可表达为

$$\boldsymbol{MA} = \boldsymbol{F} + \boldsymbol{F}_{\mathrm{e}} \tag{4.48}$$

其中

$$\boldsymbol{M} = \begin{bmatrix} m & 0 & 0 \\ 0 & m & 0 \\ 0 & 0 & I \end{bmatrix}, \boldsymbol{A} = \begin{bmatrix} \dot{U} \\ \dot{V} \\ \dot{\Omega} \end{bmatrix}, \boldsymbol{F} = \begin{bmatrix} F_1 \\ F_2 \\ F_3 \end{bmatrix}, \boldsymbol{F}_{\mathrm{e}} = \begin{bmatrix} 0 \\ -m \\ 0 \end{bmatrix}$$

在上面公式中，m 为二维物体质量，I 为相对于转动中心的转动惯量。计算公式(4.26)中压力 $p - p_0$ 沿物面的积分，得到公式(4.48)中的水动力，其中物面包括与气泡接触的干表面和与水接触的湿表面。基于公式(4.28)中辅助函数的定义，可以发现未知加速度项将出现在等式(4.48)右端。将这些未知加速度移动到公式(4.48)左端，将得到如下耦合运动方程

$$\boldsymbol{M} + \boldsymbol{CA} = \boldsymbol{Q} + \boldsymbol{F}_{\mathrm{e}} \tag{4.49}$$

式中，$\boldsymbol{C}$ 为附加质量矩阵，其系数可按如下公式计算

$$C_{ij} = \int_{S_0} \chi_i n_j \mathrm{d}S \tag{4.50}$$

矩阵 $\boldsymbol{Q}$ 为水动力，计算公式为

$$Q_i = -\int_{S_0} \left[\chi_0 + \frac{1}{2}|\nabla\varphi|^2 - \frac{1}{2}u_0^2 + (y - \nabla h)\right] \cdot n_i \mathrm{d}S \tag{4.51}$$

式中，S_0 覆盖气泡表面和湿表面。后者包含在伸缩坐标系下计算的砰击区域压力和在物理坐标系计算的除砰击区域以外的其他湿表面压力。砰击区域内计算的附加质量和水动力需要考虑伸缩系数的影响，表达式为

$$C_{ij} = s^2 \int_{S_I} \chi_i n_j \mathrm{d}S \tag{4.52}$$

$$Q_i = -s\int_{S_I} \left\{\chi_0 + \frac{1}{2}|\nabla\varphi|^2 - \frac{1}{2}u_0^2 + \left[y_G + (s\alpha + \xi_p)\sin\gamma + (s\beta + \eta_p)\cos\gamma - \nabla h\right]\right\} \cdot n_i \mathrm{d}S \tag{4.53}$$

其中 $i,j = 1,2,3$。

4.3 数值结果与讨论

翻卷波浪的初始参数分别设置为$u_0=1.1623$,$x_0=10$和$\Delta h=1.5$。$-\infty$处无因次水深为1.0,将坡度控制系数ν设置为0.5。这些参数设置与Cooker和Peregrine[53]设置相同。相应地,无因次大气压力为10.087。矩形浮体的宽度和初始吃水分别为0.3和0.515,底部两侧两个直角用一个半径为0.015的圆来代替。物体中心的初始位置为$(x_G,y_G)=(0,-0.25)$,物体质量为0.156,与$t=0$时刻垂向水动力数值相同,转动惯量设置为0.1。根据浮体锚泊方式,可将浮体与实际工程问题相联系。例如,它可用于模拟翻卷波砰击自由运动船舶的剖面。在这种情况下,运动船舶会遭遇水静压力以外的其他力。破碎波横向冲击船体时,船舶剖面将进行三个自由度运动。即使船舶在锚泊状态,锚链会提供一定的约束力,但不会完全限制船体的运动。另外一个例子为翻卷波浪砰击浮式防波堤,通常有两种方式将浮式防波堤锚固在海床上。第一类为垂直导桩约束,此时物体只有垂向运动,没有水平和旋转,或者说只有垂荡,没有横荡和横摇。第二类为锚链约束,即采用一组锚链将物体锚固于海床上,此时浮式防波堤有三个自由度运动。第三个例子为张力腿平台,平台通过张力腿连接于海床上,在数值计算中,可将张力腿处理为无质量弹簧。在这个例子中,附加恢复力与张力腿的长度变化有关。此外,本章还研究了静止物体的砰击,就是将物体完全约束或固定。如果固定浮体底部可延伸到海床,在工程实例中,它就相当于一个海岸墙。在下面的模拟中将采用海岸墙模型进行收敛性分析,采用其他模型进行水动力分析。

4.3.1 收敛性分析和对比性研究

为验证数值方法的可靠性和准确性,本书首先考虑翻卷波浪砰击固定浮体,当浮体吃水较大时,在工程中与海岸墙类似。在物理坐标系下矩形计算域宽度设置为$|x|=16$,伸缩坐标系下局部砰击域宽度设置为$L=4$。在阶段1,波峰还未接触到物面,以自由面曲率最大的波峰为分界点,将整个自由面分成两段,在翻卷波峰接触物面以后,翻卷波峰与物面之间的自由面将成为气泡边界,用S_N表示,翻卷波峰到远方截断边界之间的自由面一直与外界大气接触,用S_F

表示。在物面布置均匀网格 l_m，在翻卷波峰位置布置网格 $0.5l_m$，远离波峰沿内自由面和外自由面，单元格尺度以一固定比率 δ 逐渐增加，在内自由面，最大单元格尺度不超过物面单元格尺度 l_m，在外自由面，最大单元格尺度不超过 0.3。在阶段 2，波峰开始接触物面，此时采用双重坐标系，物理坐标系下单元分布与阶段 1 相同。在局部砰击域，伸缩坐标系下物面布置均匀单元格 l_n，远离物面，单元格尺度以系数 δ 逐渐增加。在阶段 3，当伸缩系数 $s\approx0.07$ 时，将物理域与伸缩域合并，回到单域内继续进行计算。气泡下物面单元格尺度为 l_n，气泡上物面单元格尺度为 $0.5l_n$。在内自由面，单元格尺度从上到下以固定系数 δ 增加，最大网格尺度不超过 l_n。外自由面单元格尺度从物面开始到远场以固定系数 δ 逐渐增加，最大单元格尺度不超过 0.3。在后续计算中，需要对极薄射流进行有规律的截断，截断临界条件为射流厚度小于 $0.01l_n$，或者选择气泡内上下射流接触时刻作为截断条件。

假设翻卷波浪在 $t=t_0$ 时刻接触物体。严格来讲，砰击开始于翻卷波峰接触物面的瞬时，换句话说，接触从一个点开始，此时湿面积趋于无穷小。但在实际数值模拟中，需要考虑在初始时刻有一个极小的接触区域，或者有一个伸缩系数，本章根据实际数值计算结果取 $s_0=8.7\times10^{-4}$，对应 $t_0=5.266\ 08$。图 4.3(a)和图 4.3(b)分别给出 $s/s_0=10$ 和 $s/s_0=20$ 的压力分布，其水平轴 y' 与物体对称轴平行，并将物体底部作为 0 点开始计算。单元格尺度增长率取为 1.02。根据 Sun、Wu[43] 和 Sun 等人[76] 的讨论，在初始入水时刻，可假设边界条件与物体未入水情况相同。因此，在数值模拟开始后的一个极小时间段内，数值结果与物理现象并不吻合，这是由于此阶段数值结果并未考虑 t_0 之前扰动的发展。然而，若 s_0 足够小，经历一个过渡阶段，初始边界条件的近似确定并不会对后续计算产生显著影响。基于这个原因，可以发现在图 4.3(a)和图 4.3(b)中，在$s/s_0=10$ 和 20 时刻，采用不同网格的计算结果几乎没有差别。实际上，图 4.3(a)和图 4.3(b)的相对误差也仅有 0.98% 和 1.62%，这表明数值过程是单元独立的。基于这样一个考虑，在计算中可以忽略 $s/s_0=1$ 到 10 的结果，可以认为只有在 $s/s_0\geqslant10$ 条件下结果才有意义，且这种忽略不会对数值计算结果造成任何影响，这是由于在计算中 s_0 可以取到足够小，以满足精度要求。不同单元格下包含波浪激振力和静水力的水平力 F_1、垂向力 F_2 和旋转力 F_3 的时历结果和气体体积分别在图 4.3(c)至图 4.3(f)中给出，令时历结果的起始时刻从

$s\approx10s_0(t-t_0\approx4.7\times10^{-4})$开始。可以发现,不同单元格设置下数值结果几乎是相同的,这些不同时历结果的平均相对误差也仅有0.44%,0.12%,0.47%和0.06%,时历结果的吻合进一步验证了本数值过程是单元独立的。

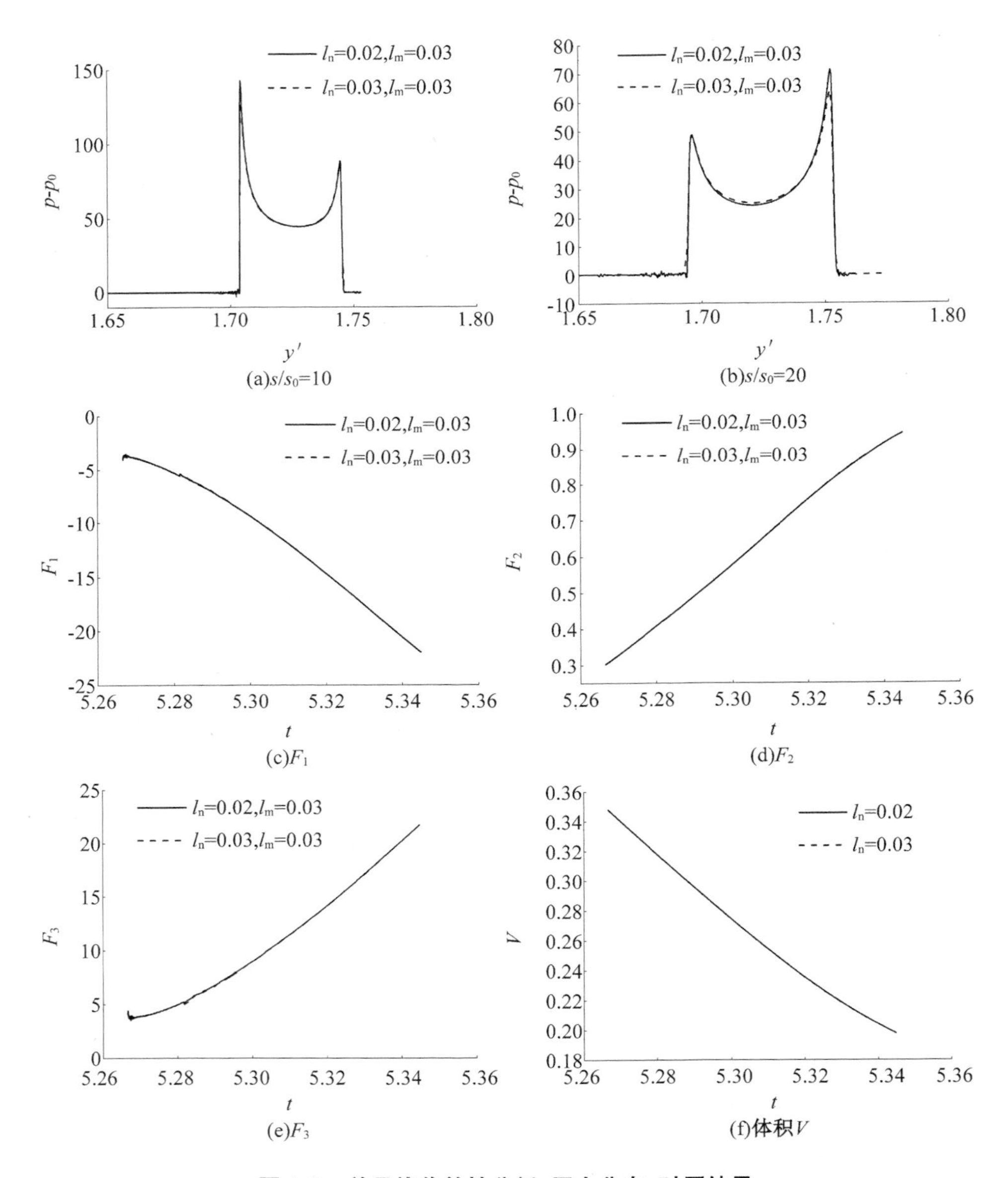

图4.3 单元格收敛性分析:压力分布,时历结果

在阶段 1，随着波浪的传播和翻卷波浪的形成，时间步长 dt 按公式 $l_m/(\mu_0 V_{max})$ 计算，其中 V_{max} 为自由面上流体质点最大速度。μ_0 为系数，在阶段 1，μ_0 取值为 5。在翻卷波峰接近物面以前，或从翻卷波峰与物面之间距离小于 $0.2l_m$ 时刻开始，采用一个较小的固定时间步长 $dt = 2.5\times10^{-5}$。这就避免了翻卷波峰触碰物面时，数值上物体湿表面过大问题。在阶段 2，由于加入伸缩坐标系，因此时间步的设置需要考虑伸缩坐标系的要求，将在一个时间步内翻卷波峰的前进距离设置为 $ds = s_0/n$，对应时间步为 $dt = ds/s'(t)$。在阶段 3，拓展域与物理域合并，将时间步长的设置切换回公式 $dt = l_n/(\mu V_{max})$。为验证时间步长收敛性，图 4.4 给出了不同时间步长设置下收敛性分析的结果。在第一个设置中，时间步长在第 2 个阶段是逐渐增加的，可通过调整 n 实现，前 200 步内，设置 $n=100$，200 到 400 步内设置 $n=50$，400 步以后设置 $n=10$。将阶段 3 的系数 μ 设置为 10。在第 2 个设置中，相应的时间步长均加倍。也就是 n 和 μ 均需除以 2 。很明显，图 4.4(a) 和图 4.4(b) 中不同时间步的结果几乎是重合的。平均相对误差仅有 1.24% 和 2.65% 。图 4.4(c) 至图 4.4(f) 中不同时间步下力和气泡体积的时历曲线也几乎是重合的，平均相对误差仅有 0.34%，0.08%，0.32% 和 0.07%。这些结果表明目前的数值结果是时间步长独立的。在下面的数值模拟中，除非特别说明，单元格设置采用 $l_m=0.03$，$l_n=0.03$，$\delta=1.02$，时间步长设置采用图 4.4 的第一种设置，系数 $\mu_0=5$。

基于本书数值结果，翻卷波峰触碰到壁面时刻为 $t=t_0\approx5.266\,08$，此后，物体受力快速增加，迅速达到一个峰值，然后又迅速下降。这种陡直的上升显然与公式(4.53)解析公式是冲突的，公式(4.53)表明力的上升是一个连续的过程，并且随着 s 的增加而增加，当 $s=0$ 时，受力也为 0。然而，由图 4.5 可见，ds/dt 变化非常迅速，这是由于波前形状较钝，湿面积几乎是在瞬间增大的，这将直接导致受力的陡直增加，尤其是 F_1 和 F_3。在这一小时间段 t_2-t_0 内，砰击力分布比较混乱，因此可采用砰击力对物面的冲量来量化砰击力的影响[75]。

$$\prod_i = \int_{t_0}^{t_2} F_i \mathrm{d}t \tag{4.54}$$

此冲量模型已经被 Cooker[77] 采用。在 $t=t_0$ 至 $t=t_2$ 时间范围内不同方向上浮体的冲量变化通过公式(4.54)计算。例如，在水平方向 $\prod_1 = mu_{t_2} - mu_{t_0}$。其中 $t_2-t_0=4.7\times10^{-4}$，$\prod_1$ 的粗略计算结果为 1.8×10^{-3}。此冲量作用

下，物体的近似速度变化为 $\Delta u = u_{t_2} - u_{t_0} = 5.7 \times 10^{-3}$。可见，速度变化是非常小的，因此初始阶段的砰击效应是可以忽略的。越过冲量阶段，由于波峰砰击对应的湿面积不再是极小量后，湿表面载荷也不应再继续忽略。因此 $t = t_2(s = s_2)$ 与 $t = t_0(s = s_0)$ 时刻的力是不同的。超出这个点，或 $s_2 \approx 10s_0$，力将光顺变化。

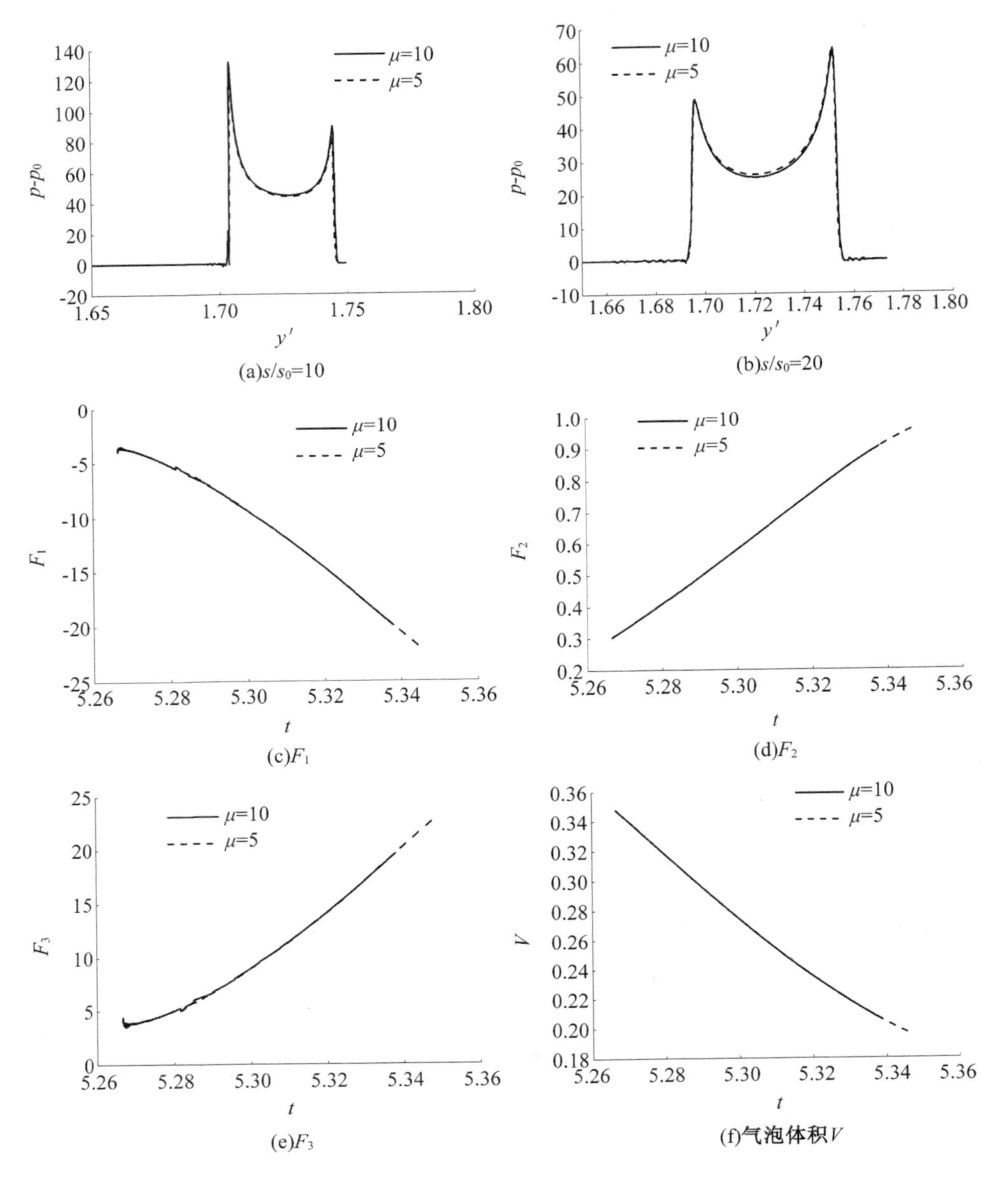

图 4.4　步长收敛性分析：压力分布，时历结果

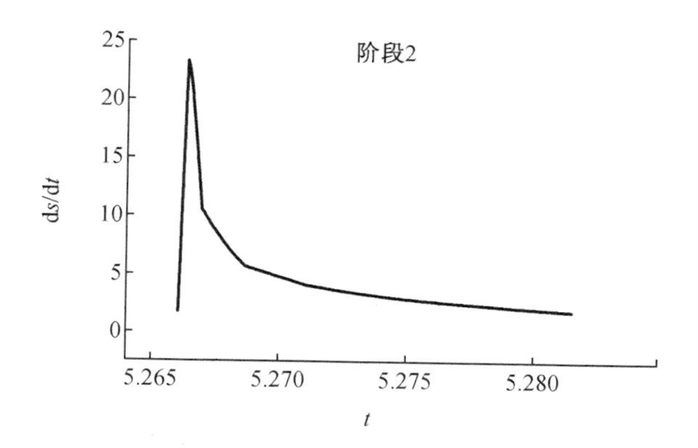

图 4.5　砰击面积的时间导数随时间变化情况

图 4.6 给出了本书数值结果与 Cooker 和 Peregrine[53] 的结果对比，翻卷波峰作用于一个垂直固壁。在本算例中，物体吃水与水深相同，也就是说它的运动是完全受限的。波浪参数与前面设置相同，除了 x_0，在此例中其数值为 7.5。可以发现自由面形状与压力分布与 Cooker 和 Peregrine[53] 吻合良好。

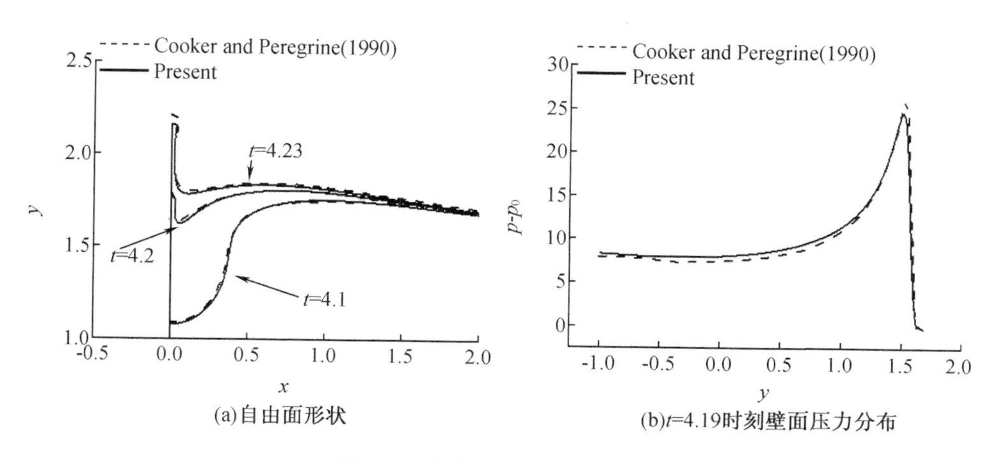

图 4.6　波浪砰击固壁结果对比

4.3.2　算例分析

1. 无约束浮体

本节讨论翻卷波浪砰击无约束自由浮体。此算例可对应到工程上横浪条件下舯部附近剖面砰击。若瘦体船舯部附近区域剖面变化不大，可采用切片理论预报它的运动。若考虑捕捉气泡，严格来讲需要考虑气泡可压缩性的影响。为简化计算，本书只在气泡内考虑可压缩性，即假设气泡内气体满足绝热可压缩条件。入射波浪参数和物体尺度与前面设置相同，翻卷波峰在 $t_0 = 5.26608$ 时刻接触到物体。根据前面的分析，波浪接触物体以后的一个极小时间段内冲量影响几乎可以忽略，即使它的影响从波峰接触物面开始就存在，但由于它的影响非常微弱，因此本书从 $t \approx t_0 + 4.75 \times 10^{-4}$ 时刻开始考虑砰击对物体的影响，对应于 $s \approx 10s_0$。图 4.7 给出不同 $t - t_0$ 时刻波前自由面形状和压力分布。由图 4.7(a)可见，在砰击发生的早期，既在 $t - t_0 = 0.001$ 时，砰击区域湿面积非常小。由于翻卷波峰与浮体之间存在较大相对速度，在湿表面将产生一个较大的砰击压力，见图 4.7(b)。在此区域，可以看出砰击压力峰值有两个，分别位于上下射流根部。很明显，上面压力峰值大于下面的压力峰值。造成这种现象的原因为气泡上表面与物面之间夹角小于气泡下表面与物面之间夹角。根据 Sun 等人[76]的讨论，小底升角通常对应较大的压力梯度。随着时间 t 的增加，物体与波峰之间相对速度逐渐降低，这种趋势主要源于两方面原因，一方面是流体被物体阻挡，另一方面是物体开始运动，此时砰击压力迅速降低。因此在 $t - t_0 = 0.02$ 时刻砰击压力显著小于 $t - t_0 = 0.001$ 时刻的砰击压力，在 $t - t_0 = 0.02$ 时刻压力峰值明显降低。超出砰击区域，压力变得均匀，其数值接近气泡内部气体压力，因此它的数值是随时间振荡的。

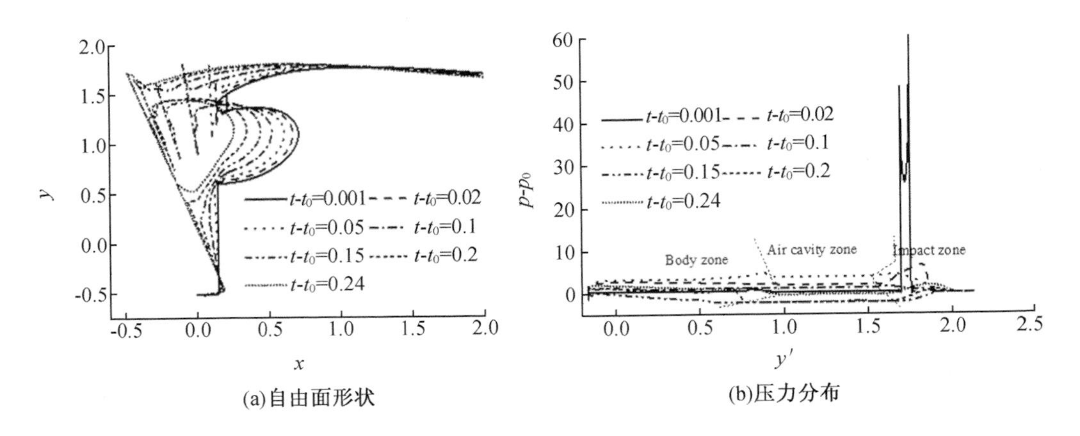

(a)自由面形状　　(b)压力分布

图 4.7　不同时刻翻卷波峰砰击

图 4.8 给出了三自由度加速度、速度和位移，以及气泡体积和压力的时历结果。当 $t-t_0<0.02$ 时，湿面积较小，然而砰击压力却很大，见图 4.8(b)。这意味着水动力合力仍然非常显著。更重要的是，由于砰击点显著高于平均自由面，因此砰击压力将产生一个较大的力矩，物体将获得一个较大的旋转速度，见图 4.8(c)。此后，随着气泡体积的降低，气泡内压力升高，逐渐变为合力中的主要成分，见图 4.8(k)，图中压力结果在 $t-t_0\approx0.07$ 时刻曲线达到一个峰值。随着气泡内气体压力的上升，横荡和横摇幅值也随之增加，见图 4.8(a)和(c)的 $t-t_0\approx0.02$ 和 0.07 段。随着时间继续增加，增加的气体压力将会反向推动波浪，气泡体积随之出现反弹。物体的进一步旋转也将导致气泡体积增加。因此，气泡内气体压力反而开始下降。随着气泡体积的膨胀，气泡内气体可能下降到低于大气压，此时气泡将对物体产生一个吸力。这种现象可在图 4.8(k)中的 $t-t_0\approx0.12$ 和 0.25 之间时间段观察到。此时，$-x$ 方向合速度下降，图 4.8(a)中 x 方向水平加速度上升。这也会导致旋转力的下降，逆时针方向的旋转加速度因此下降，见图 4.8(c)。此趋势会一直延续到图 4.8(d)中的水平速度接近于 0，时间到达 $t-t_0\approx0.2$，在这附近图 4.8(f)的旋转速度也接近于 0。此后，气泡再次收缩，气体压力、合力和运动也将随之增加。

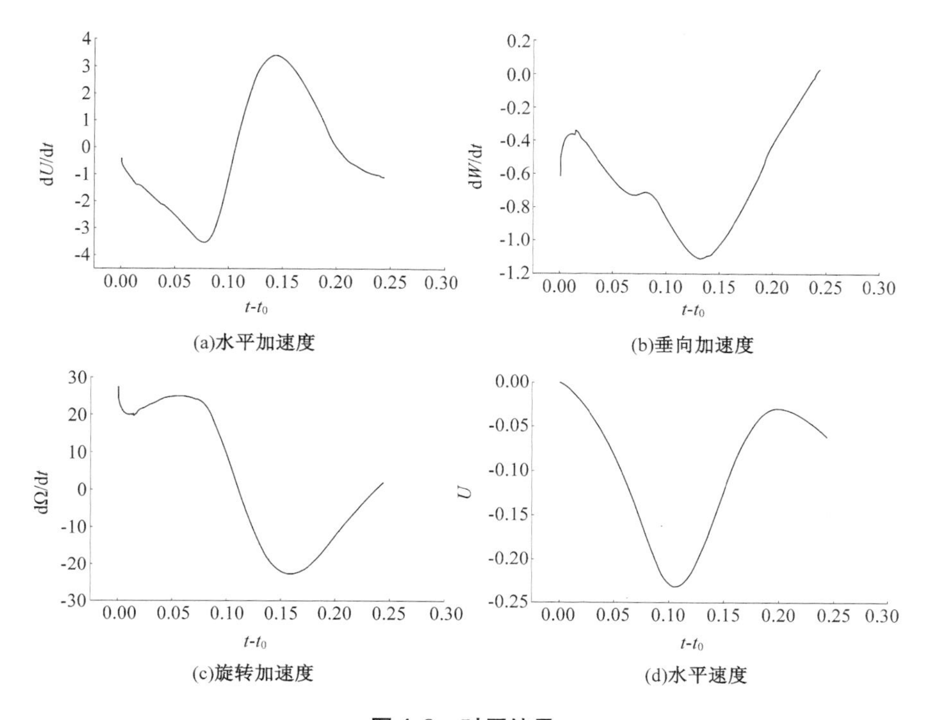

图 4.8　时历结果

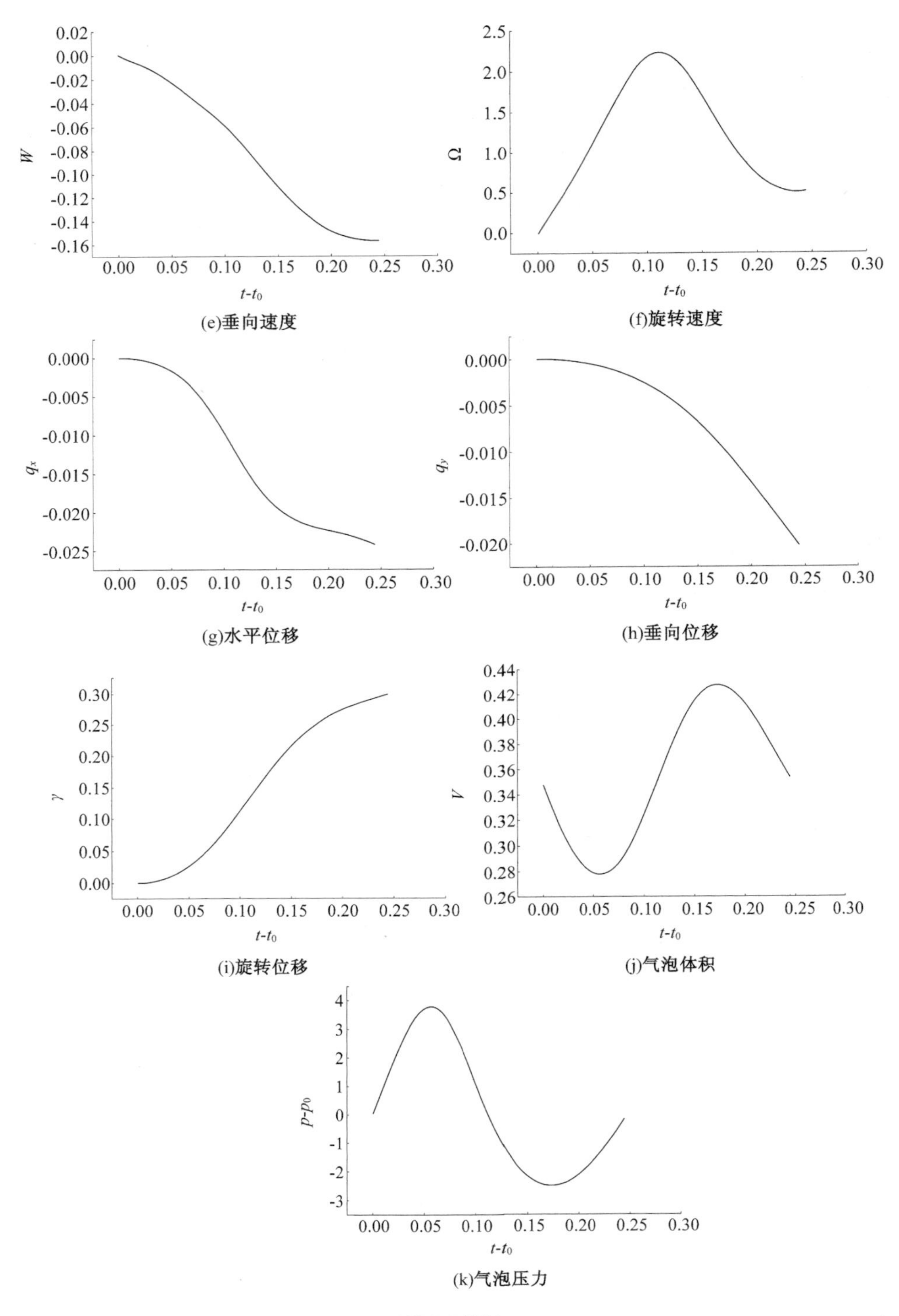

(e)垂向速度

(f)旋转速度

(g)水平位移

(h)垂向位移

(i)旋转位移

(j)气泡体积

(k)气泡压力

图 4.8(续)

2. 锚泊方式约束的浮体

浮式防波堤通常安装于恶劣海况下，锚固方式通常为锚链，在数值计算中可将锚链的浮力和重量进行忽略。一般情况下，浮式防波堤较长，且结构剖面形状变化不大。因此采用如前所述的二维理论是合理的。图 4.9 给出了锚泊在海床的一个浮式防波堤的典型算例，物体运动受两根锚链限制。在数学模型中，锚链被假设为一根无质量弹簧，因此仅需考虑锚链轴向力的影响。x 轴与左右锚链的夹角分别表示为 θ_1 和 θ_2，长度分别为 λ_1 和 λ_2，锚链将随物体运动。在 $t=0$ 时刻，其数值分别为 θ_{01}，θ_{02}，λ_{01} 和 λ_{02}。锚链端部固定于物体，左右两根锚链在物体上的固定端分别用 N_1 和 N_2 表示，锚链底部固定于海底，固定端分别用 M_1 和 M_2 表示。(ξ_i,η_i) 表示随体坐标系下 N_i 的坐标，(x_{M_i},y_{M_i}) 表示在大地坐标系下 $M_i(i=1,2)$ 的坐标。固定于物体的端部位移表达为

$$\Delta x_i = q_x + \xi_i(\cos\gamma - 1) - \eta_i \sin\gamma \tag{4.55}$$

$$\Delta y_i = q_y + \xi_i \sin\gamma + \eta_i(\cos\gamma - 1) \tag{4.56}$$

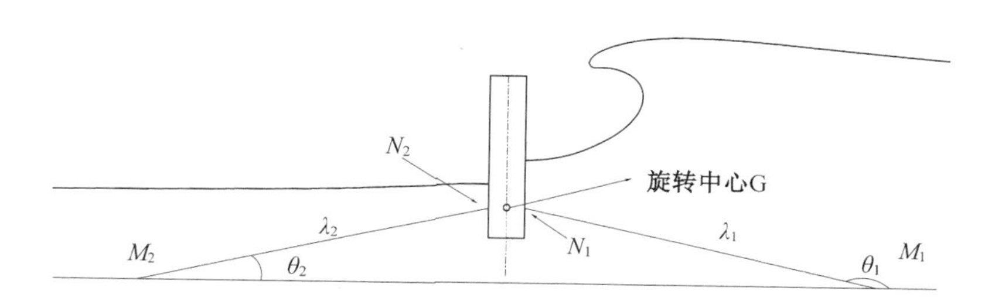

图 4.9 锚链约束下的浮式防波堤

q_x 和 q_y 已在公式 (4.14) 和 (4.15) 中定义。由物体运动引起的 λ_i 变化为

$$\Delta\lambda_i = \sqrt{(\lambda_{0i}\cos\theta_{0i} + \Delta x_i)^2 + (\lambda_{0i}\sin\theta_{0i} + \Delta y_i)^2} - \lambda_{0i} \tag{4.57}$$

其中

$$\theta_i = a\cos[(\lambda_{0i}\cos\theta_{0i} + \Delta x_i)/(\lambda_{0i} + \Delta\lambda_i)] \tag{4.58}$$

基于虎克定律确定沿着锚链的轴向力

$$T_i = k\Delta\lambda_i + T_{0i} \tag{4.59}$$

其中 k 为锚链的刚度系数，T_{0i} 为满足条件 $T_{01}\sin\theta_{01} + T_{02}\sin\theta_{02} + m = F_B$ 和 $T_{01}\cos\theta_{01} + T_{02}\cos\theta_{02} = 0$ 的预张力，采用这两个条件，可以保证静水条件下物体受力是平衡的，式中 F_B 为浮力。每个锚链的轴向张力 T_i 将对物体产生力和力

矩为

$$F_e=\begin{bmatrix} -T_1\cos\theta_1-T_2\cos\theta_2 \\ -T_1\sin\theta_1-T_2\sin\theta_2-m \\ -T_1\sin(\theta_1-\gamma)\cdot\xi_1-T_2\sin(\theta_2-\gamma)\cdot\xi_2+T_1\cos(\theta_1-\gamma)\cdot\eta_1+T_2\cos(\theta_2-\gamma)\cdot\eta_2 \end{bmatrix} \tag{4.60}$$

除质量以外，浮体参数与第4.3.1节讨论形式相同，在本算例中将质量设置为0.1。在 $t=0$ 时刻，两锚链关于物体中心线对称，与水平方向夹角分别为 $\theta_{02}=8°$ 和 $\theta_{01}=172°$。鉴于此，可以得到预张力 $T_{01}=T_{02}=0.2$。N_1 和 N_2 的 y 坐标值与质心相同，即它们在随体坐标系下的坐标分别为(0.15,0)和(-0.15,0)，其中0.15为物体半宽，对应锚链的垂向距离 $\lambda_{01}\sin\theta_{01}=0.75$，相当于物体吃水为0.515。由于锚链通常具有一个较小的坡度，因此物体水平速度受限较大。图4.10分别提供了物体三自由度速度与位移，还包括不同锚链刚度下气泡体积和压力的变化。当刚度 k 为0时，锚链只有数值为常数的预张力。在波浪力、气泡力和预张力作用下，图4.10(a)中水平速度运动幅值先升高后降低，整个过程中符号都是负的。图4.10(c)中垂向速度的大小逐渐降低，且符号也保持为负。如图4.10(b)和(d)所示，浮体不断向左下运动。旋转速度首先增加到一个峰值然后下降。对于非零刚度 k，物体偏离平衡位置一直向一个方向运动是不可能的。物体位移过大时，它将被锚链拽回，并在平衡位置附近振荡。k 值越大，物体便会更快地回到平衡位置，相应地，物体将有一个较小的运动幅值和较大的运动频率。由于水平运动受轴向力影响更加显著，因此水平方向的运动更加符合这种趋势。如果考虑物体以固定旋转重心旋转，当 γ 较小时，λ_1 和 λ_2 将一起增大(减小)，例如 $t=0.1$ 之前，锚链对旋转运动影响较小。若 γ 较大，λ_1 和 λ_2 将受 γ 变化影响较大。因此当 γ 足够大时，不同刚度 k 下旋转运动具有一定差别。由于约束力矩相对于旋转力矩较小，因此这种差别并不明显。图4.10(e)和(f)也反映了这一规律，由图可见，$t-t_0<0.1$ 时旋转速度和位移受 k 的影响较小。此后，结果出现一些差别。

若刚度 k 变得非常大，结果将趋近于 $k\to\infty$ 的情况。应该指出当 $k\to\infty$ 时，物体仍然存在运动。这是由于即使 λ_1 和 λ_2 不再变化，根据公式(4.57)，锚链仍然会提供两个约束力。然而，在这种情况下，物体三自由度运动只取决于一个参数的变化。将公式(4.55)和(4.56)代入到(4.57)，并强迫 $\Delta\lambda_1=\Delta\lambda_2=0$，$q_x$ 和 q_y 可写成关于参数 γ 的解析公式。图4.10(b)(d)(f)中大刚度 k 的数值结果完全符合解析解。可以发现一个很有趣的现象，γ，q_y 和 q_x 的数量级分别为 10^{-1}，10^{-2} 和 10^{-3}。

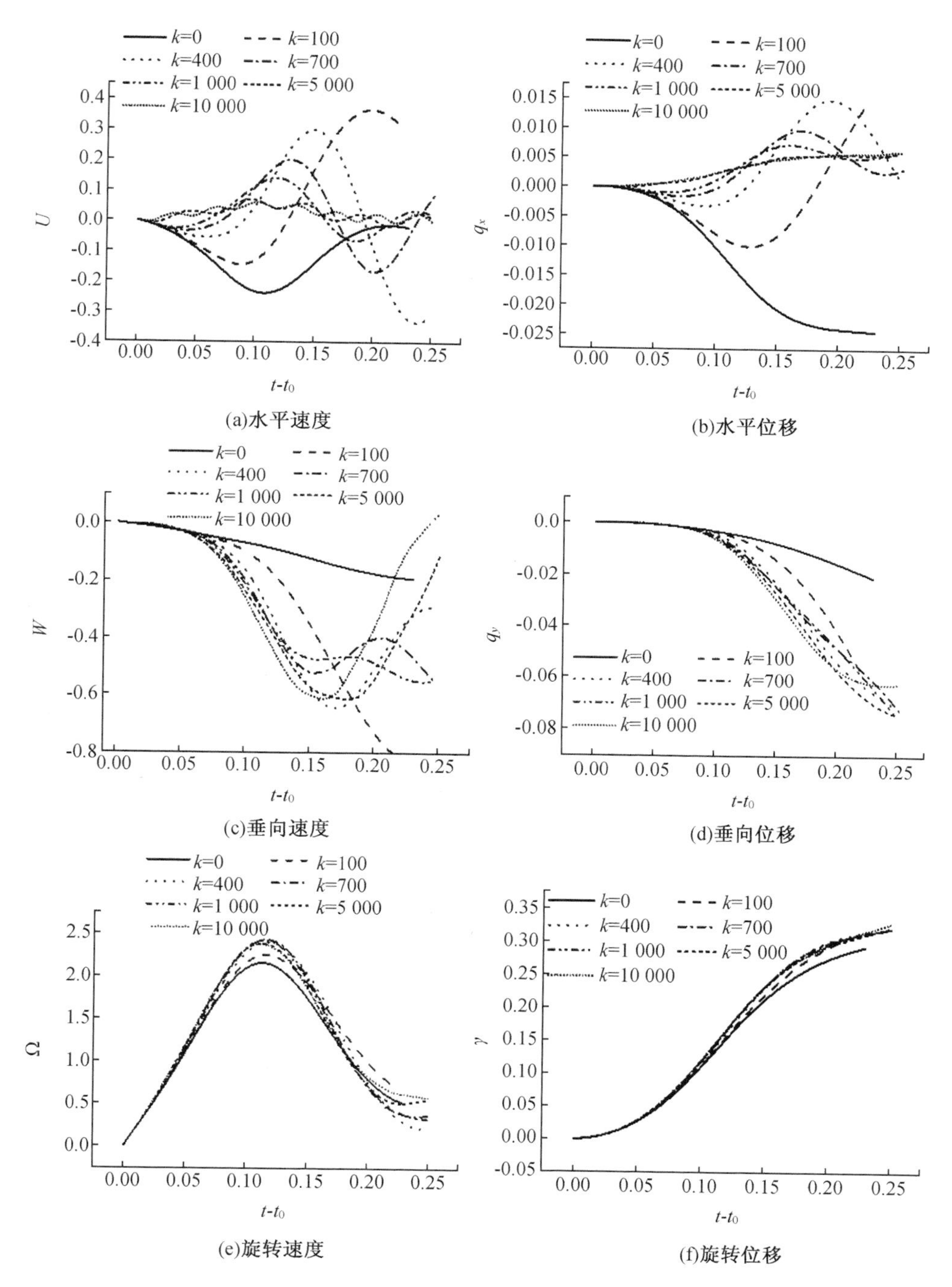

图 4.10　不同锚链刚度下浮式防波堤时历结果

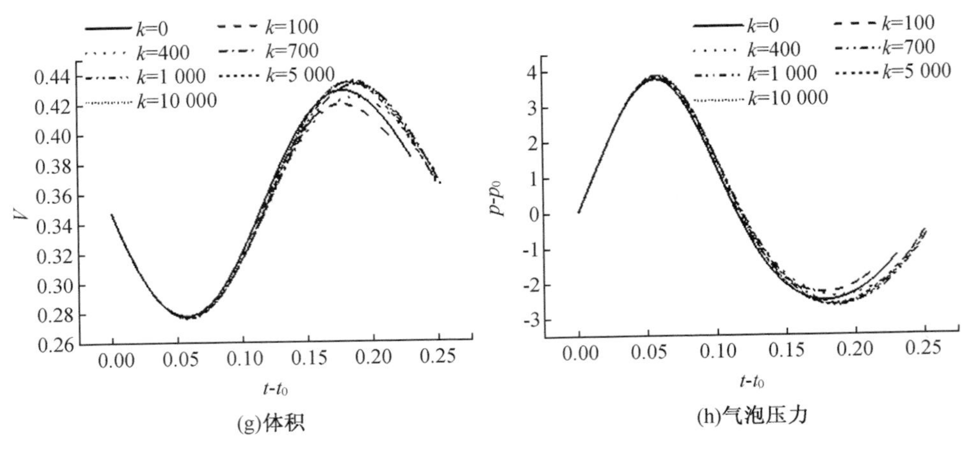

(g)体积

(h)气泡压力

图 4.10(续)

3.张力腿约束下的浮体

在下面的算例中,在浮体下面垂直放置两个张力腿,即取 $\theta_{01}=\theta_{02}=\pi/2$。这种约束形式与张力腿平台类似。对于张力腿平台,它的浮体通常不会是瘦形体,并通常采用三维方法进行数值计算。然而目前的二维模拟仍然会反映出一些物理现象。将张力腿处理为一个没有质量的弹簧,仅考虑轴向力的影响。在此算例中,浮体宽度和吃水均设置为0.5,质量和转动惯量分别为0.1和2。空间固定坐标系下旋转中心初始位置为(0,-0.25)。随体坐标系下张力腿端部分别位于(0.25,-0.25)和(-0.25,-0.25)。考虑 $t=0$ 时刻物体受力的平衡,计算出 $T_{01}=T_{02}=8.17\times10^{-2}$。在一般情况下,张力腿平台的运行水深远大于它的吃水。但是本书的破碎波数值模型只适用于浅水情况,为研究张力的约束效果,本书假设水底深度深于数值模拟的水深,并设置张力腿长度 λ_0 为30,很明显,其数值显著大于本书的无因次水深1。即使数值模型与实际情况有些偏差,但仍然能反映出一些物理现象。由于张力腿较长,因此它只提供垂直方向的力,其他方向力可以忽略。由图4.11(a)和(b)可见,物体在遭遇砰击力以后,在力的推动下物体具有水平方向的位移。由于张力腿较长,因此即使在刚度很大的条件下,张力腿提供的水平方向约束力也很小。但在图4.11(c)和(d)中,张力腿对垂向运动的影响非常显著。随着 k 的增加,物体垂向运动变小。随着刚度继续增大,垂直方向物体的自然频率变大。砰击发生以后物体出现高频振荡状态。这与张力腿平台典型特征一致,即 ringing 现象。如 Zhou 和 Wu[78] 所讨论的一样,一个张力腿平台在时变波浪下运动时,它将出现高频振荡,即使波浪已经通过了物体。刚度 k 对 q_x 的影响在砰击发生后期更加显著,见图4.11(b)。相应地,刚度 k 对气泡体积和压力的影响也非常明显,见图4.11(g)和(h)。

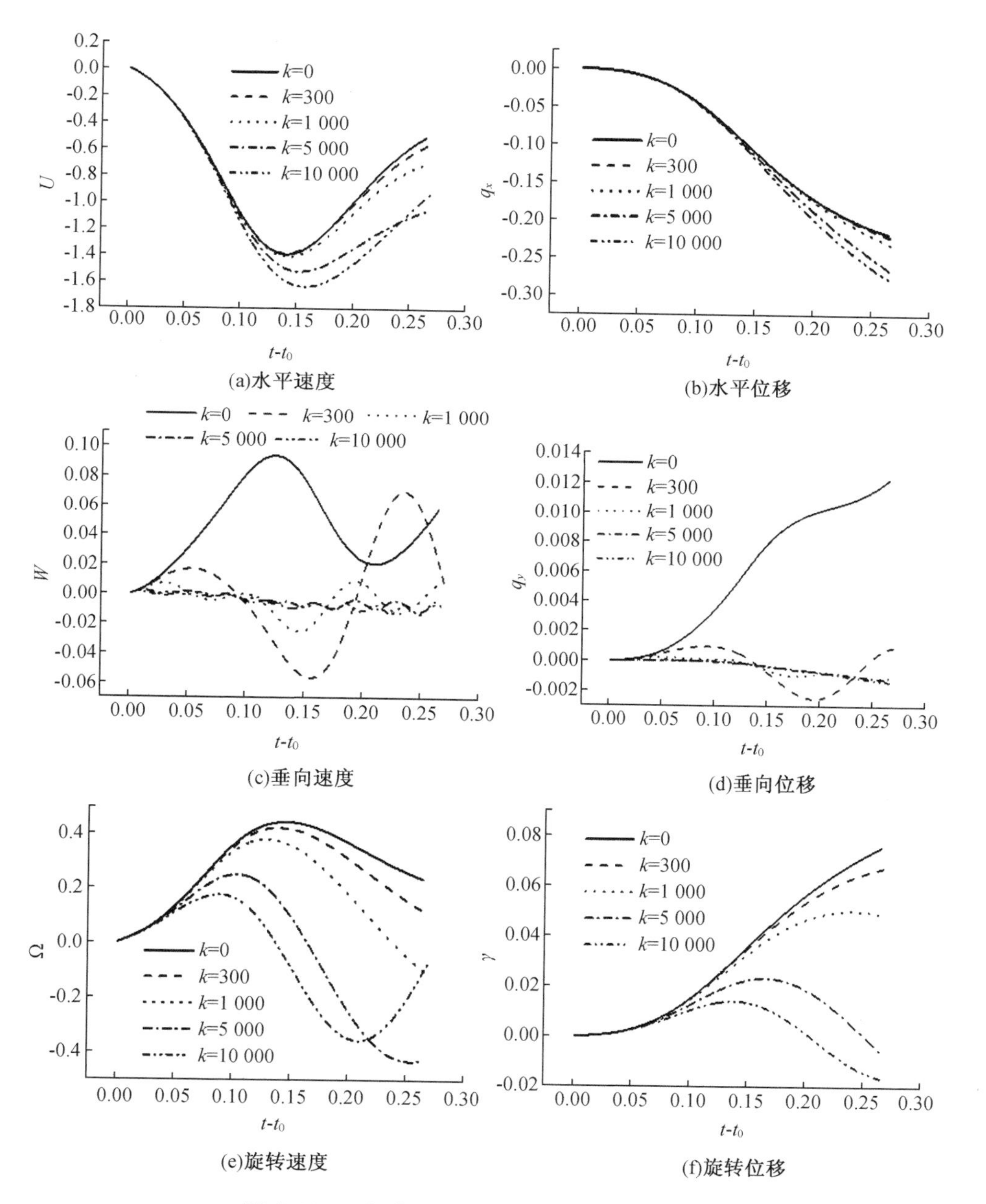

图4.11 不同张力腿刚度下海洋平台时历结果

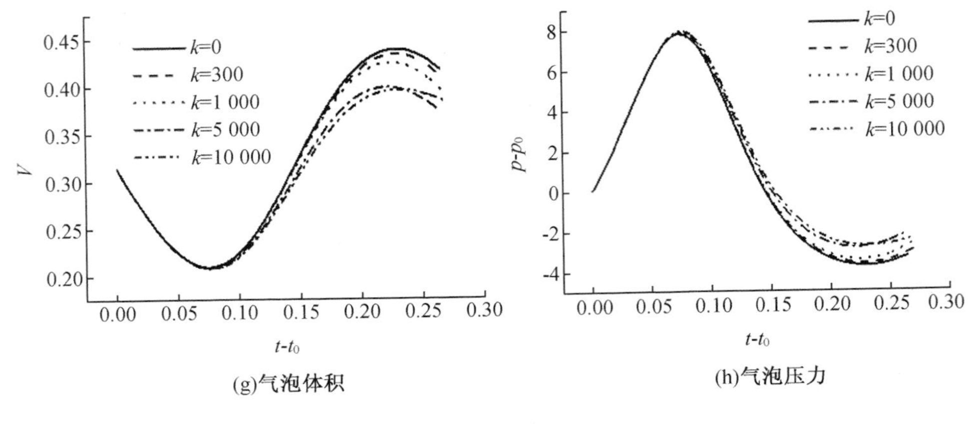

(g)气泡体积　　(h)气泡压力

图 4.11(续)

4.4 本章小结

本章基于势流理论,采用完全非线性边界条件下的非线性边界法,建立考虑气泡效应的破碎波砰击浮体数值模型。采用双重坐标系技术处理翻卷波浪作用于浮体时的局部砰击现象,采用辅助函数方法解耦流体载荷、气体载荷、气泡变形和物体运动的相互依赖。根据锚泊方式不同,将数值模型应用于不同工程问题,并得到以下结论。

(1)由于翻卷波浪与物体相对速度较大,并且波峰形状较钝,导致在砰击早期阶段,砰击区域湿面积极小,但砰击压力极大。经历一个非常短暂的冲量阶段以后,砰击压力快速降低。

(2)气泡压力随时间变化。在时间 t 不大的条件下,由于翻卷波峰具有一个大的行进速度,而物体速度很小,导致气泡体积迅速减小,相应地气泡压力快速增加。增加的气泡压力将提供一个动力,推动物体以更快速度运动,同时抑制波浪的传播速度。最终,气泡体积将随气泡压力降低而再次增大。很可能气泡压力降低到大气压以下,此时物体运动将受到气泡吸力的影响。

(3)对于一个浮式防波堤,由于锚链与水平方向夹角较小,因此锚链主要限制浮体的水平运动,而非其他自由度运动。气泡体积和压力变化主要取决于物体旋转和波浪本身的推进,若锚链强度 k 足够大,物体水平,垂向和旋转位移只与单个参数有关,并且物体仅有一个自由度运动比较明显,即水平运动速度显著高于垂向和旋转速度。与周期性波浪载荷不同，在一个破碎波中，物体具有一个较大的砰击力，气泡压力在短时间内迅速变换。对于防波堤，从破碎波获取的动量将推动物体的旋转。

(4)对于连接于海床的垂直立柱，垂向运动是受限的。垂直立柱约束下垂荡运动可能具有较小的运动幅值，但却具有较高的频率。这种现象与张力腿平台的“ringing”现象类似，即使波浪通过平台，物体的振荡还要持续很长时间。气泡体积和压力主要受水平运动影响，但受垂向运动影响较弱。

(5)目前的工作忽略了可能发生的通气和汽化现象。由于在数值模拟中，砰击发生时气泡压力可能低于大气压，空气会被吸入进流体，因此将产生除卷入气泡以外的其他气泡。在本章考虑的算例中，最小绝对压强约为 $6\rho gh$，若水深 $h = 1$ m，则其压力约为 6.03×10^4 Pa。汽化压强约为 2.34×10^3 Pa，因此汽化在本章所提供的的算例中并不会发生。然而，汽化或通气可能在其他条件下发生。若考虑这些因素，本书的数值模型还需进一步提升。

第 5 章　摆板式波能转换装置在非线性规则波中的水动力性能研究

摆板式波能转换装置在波浪激励作用下进行摇摆运动，在每个周期内都存在波能板向下摇摆入水的情况，造成物面与自由面交点附近物面压力过大，这种现象也称为砰击现象。在发生砰击的一小段时间内，波能板向下旋转，当旋转速度较高时，在板表面会产生一个非常大的局部砰击压力，并且峰值压力的位置会随着射流根部的变化而快速移动。自由表面在高速波能板砰击的作用下会沿着物体表面形成一层较薄的射流。射流根部的定义为从射流尖端向下，自由表面曲率最大的位置，在此区域附近的物面压力梯度一般最大。本章将基于不可压缩速度势理论，采用完全非线性边界元法，在时域范围内研究波能板的压力变化情况，并且讨论重力效应、波浪效应和自由面变化对压力结果的影响。本章给出两个典型的算例，一个是高速波能板在无波浪条件下的运动，另外一个是高速波能板在非线性规则波中的运动。在波能板向下旋转的过程中，通常会发生一个有趣的现象，射流会发生翻卷，在重力以及本身初速度的影响下，翻卷射流最终将会落入主流体域，引发二次砰击，本章将重点研究翻卷射流现象及其对物体受力的影响。

5.1　摆板式波能转换装置的水动力性能研究

Oyster 的设计思路是底部铰接于海底，顶部穿过自由表面的摆板式波能转换装置。波能板在波浪激励下前后摆动，波能板在恢复力的作用下从最低位置向平衡位置摆动，到达平衡位置时，波能板获得最大速度，在波浪力的作用下向另一侧最低位置摆动，如此往复。换句话说，波能板在每个周期都会面临入水问题，因此它的砰击现象是不能回避的。本章将对一个给定 Oyster 的砰击现象进行深入研究，这种现象在恶劣的海况中发生得非常频繁。在砰击发生的一小段时间内，波能板向下旋转进入自由面，当旋转速度较高时，自由面附近的板表面局部压力变得非常大，峰值压力会沿着物体表面快速移动，自由表面会发生严重变形，甚至形成翻卷射流。关于 Oyster 波能转换装置砰击问题的研究目前比较少，Henry 等[19]通过实验方法研究了 Oyster 的砰击现象，在数值计算上应用 Fluent 流体软件进行模拟，理论是基于平均雷诺数理论（RANS），采用的方法为有限体积法（FVM），追踪自由表面采用的方法为流体体积法（VOF）。Henry[79]和 Wei 等人[80]通过实验方法和理论方法（FVM）进一步研究了 Oyster 的波浪砰击现象，压力分布以及峰值压力转化现象。

本章将基于速度势理论采用完全非线性边界元法结合区域分解方法来研究此问题，考虑重力效应的影响，忽略表面张力。边界元法（BEM）的基本思路为，将拉普拉斯控制方程转化为整个流体域的边界积分方程，并且将边界离散成一系列的线性单元进行求解。在这个过程中重叠区域的出现会给传统边界元法带来一个特殊的挑战。在波能板的砰击过程中，通常会发生一些现象，自由表面会沿着物体表面会形成一层射流，随着波能板继续运动，形成射流会落入到主流体域，通常称之为二次砰击。如果忽略二次砰击的影响，流体域会发生重叠，此时，传统边界元法将不再适用。为了解决这一问题，本书将重叠部分的流体域从主流体域中分割出去，即应用区域分解方法[81, 82]。这样在每个子流体域内部，不会有流体域的重叠，因此传统边界元法在每个子域仍然可以继续使用。在进行区域分解的边界施加速度势和速度势法向导数连续的边界条件，这将保证边界上压力分布的连续性以及速度的连续性。区域分解方法的应用在 Wang，Yao 和 Tulin[82]的文章中已经给出。然而，这篇文章的关注焦点主要是降低整个计算域的尺度，以达到降低计算机存储和提高计算效率的目的，而本书将这种区域分解方法应用于二次砰击问题的求解。

该数值过程在数学上实质上等价于复平面上"Riemann 的第二层流体域"的处理方法。在实际工程中，下冲射流的二次砰击现象非常普遍。Dagan 和 Tulin[83]给出了一个典型的例子，他们考虑了定常表面流经过一个钝物体的问题，当弗劳德数较小时，自由面在物体表面会形成一个驻点，自由表面光顺而且稳定。当弗劳德数足够大时，射流会从物体表面分离，然后落入主流体域，最后引起流体与流体之间的砰击。在 Dagan 和 Tulin[83]的研究中翻卷射流被截断，翻卷射流的影响也被忽略。Dias 和 Vanden - Broeck[84]考虑了物体前端或者船艏的定常自由表面，在复数平面内建立流体域。当形成的翻卷射流从物体表面脱离，并且落入主流体域时将会有一个二次砰击。为了不考虑二次砰击的影响，可以让流体域重叠或者让不同的流体粒子占据相同的位置，这实际上是一个不符合物理规律的一个设想。然而，这个不符合物理规律的设想在复数平面内却可以通过数学方法来加以求解。在数学上，这实质上等价于翻卷射流进入 Riemann 的第二层流体域，就好像是射流和主流体域同时存在于没有厚度的一张纸的两面。它们占据了相同的空间，但是彼此之间不直接影响。这种处理方法意味着射流对主流体域的砰击完全被忽略。在 Semenov 和 Wu[85] 研究物体在自由表面滑行时，仍然延用了这一设想。Semenov，Wu 和 Oliver[86] 在研究两个液椎之间的砰击问题时也观察到翻卷射流对主流体域的砰击现象，文中二次砰击再次被忽略，在数学上让翻卷射流落入 Riemann 的第二层流体域。应该指出，这样一个处理并不仅仅是为了数学上的方便，同时也考虑了物理上的影响。实际上，大部分物理参数，如流体速度、流体加速度和物面压力等物理量在短暂的砰击问题中都会随着时间和空间快速变化，因此由砰击所引起扰动的影响范围非常有限，它的影响范围通常从砰击中心处开始快速消失。而二次砰击的发生地点通常会与物面有一定距离，因此二次砰击对结果的影响也应该非常有限。应该指出，这个设想是基于忽略二次砰击时形成的气泡效应的假设提出的。当封闭气泡的体积迅速变化时，气泡压力的变化会对结果产生一定影响，然而这不在本书目前的研究范围内。

5.2 数学模型与数值过程

5.2.1 波能转换装置的数学模型与坐标系定义

图 5.1 给出了有限水深波浪中 Oyster[19] 波能转换装置示意图。波能转化装置吸收波能的主体为一无限长度的二维板，在波浪作用下绕着固定支座的支撑点旋转。板的底端形状为一个半圆，圆心和支座支撑点重合，此圆心即为波能转换装置固定的旋转中心。半圆的半径和板的半宽相同，因此，板与半圆的连接处不会出现折角线，而是光顺过渡。在许多实际工程中，在入射波浪持续的周期性激励下，入射波能量的一部分被传递给波能板，波能板进行持续的周

期性摆动，将获取的能量传递给能量输出装置。本章首先定义笛卡儿直角坐标系 $O-xy$，原点 O 设置在半圆圆心或转动中心。x 方向为水平方向，y 方向竖直向上。图中的 γ 为 y 轴和波能板中心线的夹角。角速度 $\Omega(t)$ 为角度 $\gamma(t)$ 关于时间 t 的导数，逆时针方向为正。如果没有特殊说明，本章选取水密度 ρ，重力加速度 g 及旋转中心到平均水面的高度 h 为进行无因次化的特征尺度。

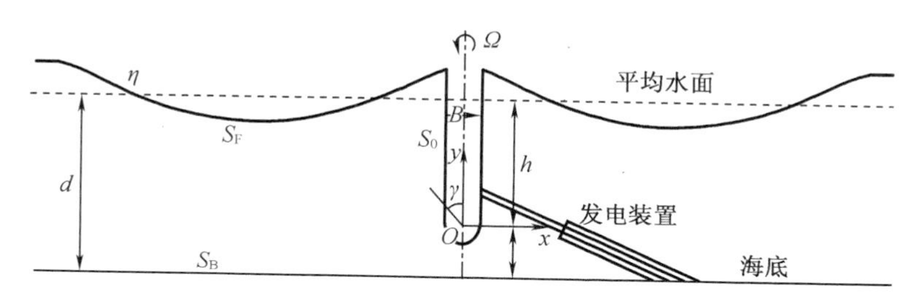

图 5.1　Oyster 在波浪中示意图

5.2.2　控制方程与边界条件

对于摆板式波能转换装置，需要关注的是波能板只存在一个自由度的运动—旋转。与三自由度运动相比，物面边界条件需要进一步简化。在图 5.1 定义的坐标系下建立控制方程和完全非线性边界条件。由于波浪运动为周期性运动，黏性在其中起的作用非常小。假设流体是无黏性的，并且是不可压缩的和无旋的，可以基于势流理论来对问题加以研究。以 φ 来表示总速度势，η 来表示波面起伏。在流体域内，速度势 φ 满足拉普拉斯方程。速度势在流体域底部满足不可穿透底部边界条件。在远方控制面，速度势 φ 逐渐趋于入射波的速度势 φ_I，具体公式参见第 2 章公式（2.1～2.7）。压力求解方法参考第 2 章 2.2.3 节的方向转化法，本章将不再赘述压力的具体求解方法。

物面边界条件有所变化，对于摆板式波能转换装置，只有一个自由度的旋转运动，旋转角速度为 Ω。结合不可穿透物面边界条件，速度势在物面的法向导数可以表达为

$$\frac{\partial \varphi}{\partial n} = \Omega \cdot (x n_y - y n_x) \tag{5.1}$$

式中 $n=(n_x,n_y)$ 为指向流体域的物面法向。自由面边界条件可以以几种方式进行表达，如拉格朗日方法、欧拉法和混合欧拉拉格朗日法等。本章在此处将

选择混合欧拉拉格朗日方法(MEL)对自由面进行更新。

$$\frac{\delta \varphi}{\delta t} = -\frac{1}{2}\nabla\varphi \cdot \nabla\varphi + \varphi_y \cdot (\varphi_y - \varphi_x \cdot \eta_x) - \eta \tag{5.2}$$

$$\frac{\partial \eta}{\partial t} = \varphi_y - \eta_x \varphi_x \tag{5.3}$$

式中$\frac{\delta \varphi}{\delta t}$的含义为速度势 φ 随波面起伏 η 和时间 t 的变化。在图 5.1 中定义的坐标系 $O-xy$ 中,$\eta = y-1$。在实际数值模拟中,不可能选择一个无限长度的 $|x|$ 作为截断边界,因此,需要在截断边界附近设置一个阻尼区域[87, 88]。

$$\frac{\delta \varphi}{\delta t} = -\frac{1}{2}\nabla\varphi \cdot \nabla\varphi + \varphi_y \cdot (\varphi_y - \varphi_x \cdot \eta_x) - \eta - \nu(x) \cdot (\varphi - \varphi_1) \tag{5.4}$$

$$\frac{\partial \eta}{\partial t} = \varphi_y - \eta_x \varphi_x - \nu(x) \cdot (\eta - \eta_1) \tag{5.5}$$

可以注意到,公式(5.4)和(5.5)中的最后一项体现了全部速度势(全部波面起伏)和入射势(入射波面起伏)之间的差别,这就保证了自由面边界条件中只有包含绕射和辐射的扰动势可以被吸收,不仅如此,还可以保证入射波在远方控制边界不会因为阻尼区域的存在而被削弱。在这两个公式中,阻尼系数 $\nu(x)$ 的选择需要保证公式(5.2)和(5.3)在阻尼区域分界点 $|x| = |x_0|$ 处光顺过渡到公式(5.4)和(5.5)。可以采用下面的形式来设置阻尼区域的阻尼系数。

$$\nu(x) = \begin{cases} \alpha\omega\left(\dfrac{x - x_0}{\lambda}\right)^2, & \text{当} \quad |x_0| \leqslant |x| \leqslant |x_0| + \beta\lambda \\ 0, & \text{当} \quad |x| < |x_0| \end{cases} \tag{5.6}$$

式中 ω 和 λ 分别表示入射波的频率和非线性波长,x_0 为阻尼区域分界点。阻尼区域的强度和长度分别由系数 α 和 β 控制。在初始时刻 $t=0$,假设波能板被放置于未被扰动的入射波中,速度势与波面起伏可以分别取为

$$\varphi(x, y=\eta, t=0) = \varphi_{1,t=0}, \eta(x, t=0) = \eta_{1,t=0} \tag{5.7}$$

5.2.3 镜像格林函数方法

对以上数值模型进行求解可以采用边界元法。由于 Oyster 波能转换装置安装于近海中,因此底部边界对数值计算精度影响很大,也就是说不仅需要在自由表面布置大量单元,在底部也需要布置大量单元格,因此计算效率会受到影响。为了消除底部单元,提高计算效率,本章在这里采用镜像格林函数方法。

根据第三格林公式，将流体域的拉普拉斯方程转化为沿着整个封闭边界 S 的积分公式

$$A(p)\varphi(p) = \int_S \left(G(p,q) \frac{\partial \varphi(q)}{\partial n_q} - \varphi(q) \frac{\partial G(p,q)}{\partial n_q} \right) \mathrm{d}S_q \tag{5.8}$$

其中 $A(p)$ 是位于场点 $p(x,y)$ 的立体角，而 $q(x,y)$ 代表源点。格林公式的表达式为

$$G(p,q) = \ln r_1 + \ln r_2 \tag{5.9}$$

其中 $r_1 = \sqrt{(x-x_0)^2 + (y-y_0)^2}$，$r_2 = \sqrt{(x-x_0)^2 + (y+y_0+2l)^2}$，$l$ 为支座中心到底部的垂向距离。公式(5.9)中的第一项实际上是对应于位于点(x_0, y_0)的一个源，而第二项为该点源关于底部 S_B 镜像的另一个点源。两者之和组成的格林公式在底部 S_B 满足$\partial G/\partial n = 0$。考虑公式(2.5)给出的底部边界条件，在公式(5.8)中可以将底部 S_B 从全部边界 S 中消除。余下的边界仍然采用线性单元进行离散，具体求解方法见第2章2.2.2节。

5.3　翻卷射流的数值处理方法

5.3.1　区域分解方法

传统的边界元法只适用于单连通流体域，换句话说，流体域不能发生重叠。然而，当入射波波幅较大时，流体速度也比较大，自由表面会发生翻卷。此外，自由表面在高速板推动的作用下也会发生很大的变形和翻卷。翻卷射流此时会冲向自由表面，引发二次砰击，如图5.2所示。如果不考虑二次砰击，任由翻卷射流与主流体域发生重合或者交叉，传统的边界元法将不再适用。为了解决这一问题，本章将采用区域分解法[82]。将图5.2(a)中的全部流体域拆分为两部分，一个是图5.2(b)翻卷射流部分，另外一个是图5.2(c)的主流体域部分。分界线在翻卷射流与主流体域之间包裹的气泡上方，以“I”表示，设置分界线的原则为，进行区域分解以后翻卷射流域与主流体域均为单连通域。

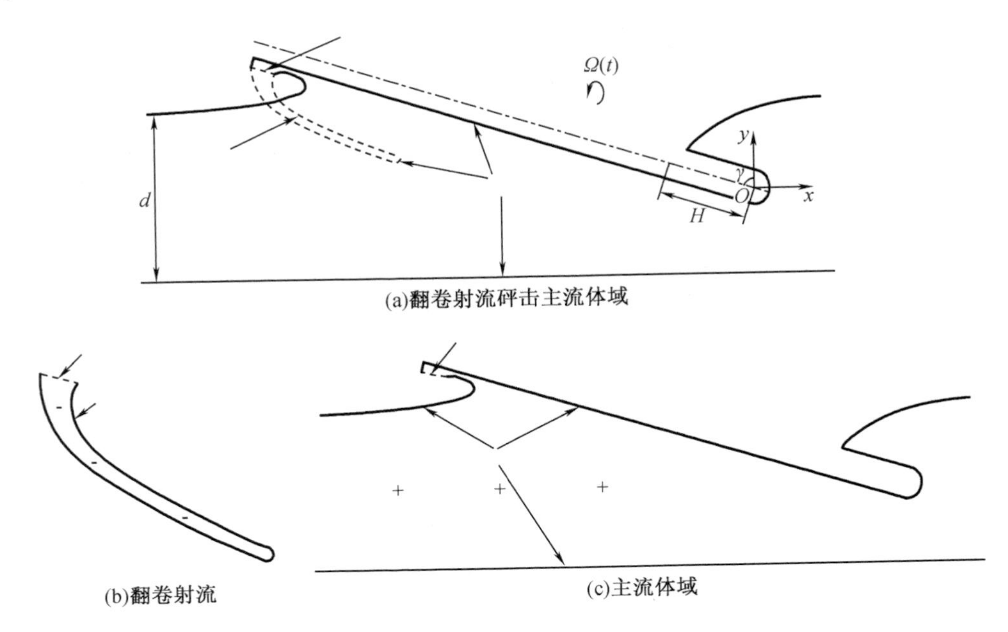

图 5.2 区域分解方法示意图

根据第 2 章的推导，格林公式的矩阵形式的表达式为

$$\boldsymbol{H}_{N_d\times N_d}\varphi_{N_d}=\boldsymbol{G}_{N_d\times N_d}\left[\frac{\partial\varphi}{\partial n}\right]_{N_d} \tag{5.10}$$

其中 N_d 为整个边界的节点数，而矩阵 H 和 G 分别为$\dfrac{\partial\ln r_{\mathrm{pq}}}{\partial n}$和 $\ln r_{\mathrm{pq}}$在每个线性单元的积分。图 5.2 将整个流体域拆分成两个，一个是主流体域，如图 5.2(c)所示，图中用“＋”表示这个流体域。另外一个是翻卷射流流体域，用“－”表示，见图 5.2(b)。按此拆分方法，每一个子流体域都不存在重合情况。在每个子流体域内部及其边界，公式(5.8)的矩阵形式为

$$\begin{bmatrix}H_{BB} & H_{BI}\\ H_{IB} & H_{II}\end{bmatrix}\cdot\begin{bmatrix}\varphi_B\\ \varphi_I\end{bmatrix}=\begin{bmatrix}G_{BB} & G_{BI}\\ G_{IB} & G_{II}\end{bmatrix}\cdot\begin{bmatrix}\varphi_{Bn}\\ \varphi_{In}\end{bmatrix} \tag{5.11}$$

式中下标 I 代表两个子流体域的分界线，下标 B 代表每个子流体域除分界线 I 外的其他边界。位于边界 B 上的每个节点，只有一个变量 φ_B 或者 φ_{Bn} 是已知的。另外一个未知的变量对应一个边界积分公式，因此可以求解。然而在交线 I，速度势 φ_I 及其法向导数 φ_{In} 都是未知的，换句话说，边界 I 上一个节点的边界积分公式对应两个未知变量，变量是积分公式数量的 2 倍，方程组存在很多解。

为了保证结果的唯一性，可以在交线上施加速度势和法向导数连续的边界条件。根据速度势及其法向导数在边界上的连续性，不难知道 $\varphi_{I+}=\varphi_{I-}$ 和 $\varphi_{I+n}=-\varphi_{I-n}$，两个子流体域的矩阵可以通过这个连续条件在边界上合并，因此公式(5.11)可以合并为

$$\begin{bmatrix} H_{B+B+} & H_{B+I+} & & \\ H_{I+B+} & H_{I+I+} & & \\ & H_{I-I-} & H_{I-B-} \\ & H_{B-I-} & H_{I-I-} \end{bmatrix} \cdot \begin{bmatrix} \varphi_{B+} \\ \varphi_{I+} \\ \varphi_{B-} \end{bmatrix} = \begin{bmatrix} G_{B+B+} & G_{B+I+} & \\ G_{I+B+} & G_{I+I+} & \\ & -G_{I-I-} & G_{I-B-} \\ & -G_{B-I-} & G_{I-I-} \end{bmatrix} \cdot \begin{bmatrix} \varphi_{B+n} \\ \varphi_{I+n} \\ \varphi_{B-n} \end{bmatrix} \tag{5.12}$$

其中下标“-”和“+”分别对应相应子流体域，如图5.2(b)和(c)所示。将所有的未知项移到等式左侧，已知项移到等式右侧，合并后的矩阵可以用于求解所有未知量。

5.3.2　物面与自由面交点处理

当波能板以较高速度向下旋转进入波浪时，自由表面会沿着物面快速爬升，此时，物面与自由面交点的处理方法会对数值计算结果的精确性产生一些影响。为了让数值计算更加精确，本章将沿着物体表面更新物面与自由面交点，以防止流体进入或者远离物面。处理方法类似 Wu，Sun 和 He[64] 的处理方法，将笛卡儿坐标系 $O-xy$ 进行一个 γ 角度的旋转形成一个新的坐标系 $O-\xi\zeta$，使 ξ 方向与波能板表面垂直，使 ζ 方向与波能板中心线方向平行。但是与 Wu，Sun 和 He[64] 的处理方法不同的是，波能板的运动角度 γ 在每一时刻都会发生变化，因此，按照这种方法设置的局部坐标系每时每刻都在发生变化

$$\xi = x\cos\gamma + y\sin\gamma \tag{5.13}$$

$$\zeta = -x\sin\gamma + y\cos\gamma \tag{5.14}$$

进行坐标系旋转以后，物面和自由面交点就可以在一个固定的 ξ 下沿着 ζ 方向更新。旋转前自由表面边界条件的欧拉形式的表达式为

$$\frac{\partial\varphi}{\partial t} = -\frac{1}{2}\nabla\varphi\cdot\nabla\varphi - \eta \tag{5.15}$$

$$\frac{\partial\eta}{\partial t} = \varphi_y - \eta_x\varphi_x \tag{5.16}$$

旋转坐标系下的自由面边界条件可以写为

$$\frac{\delta\varphi}{\delta t}-\frac{\partial\zeta}{\partial t}\varphi_{\zeta}=\Omega\cdot(\xi\varphi_{\zeta}-\zeta\varphi_{\xi})-(\varphi_{\xi}^{2}+\varphi_{\zeta}^{2})/2-(\xi\sin\gamma+\zeta\cos\gamma-h) \tag{5.17}$$

$$\frac{\partial\zeta}{\partial t}=\varphi_{\zeta}-\xi\Omega-(\varphi_{\xi}+\zeta\Omega)\zeta_{\xi} \tag{5.18}$$

$\frac{\delta\varphi}{\delta t}$表示在固定$\xi$并考虑$\zeta$变化的情况下速度势$\varphi$关于时间$t$的变化。而$\frac{\partial\zeta}{\partial t}$表示在$\xi$不变的情况下$\zeta$随时间$t$变化。采用公式(5.17)和(5.18)更新物面与自由面交点,将会保证物面与自由面交点只沿着物体表面方向更新,交点既不会进入也不会远离物体表面。将物面不可穿透边界条件代入到公式(5.18),公式(5.18)右端的最后一项将会消失。用于更新物面与自由面交点的公式(5.18)可以进一步简化为

$$\frac{\partial\zeta}{\partial t}=\varphi_{\zeta}-\xi\Omega \tag{5.19}$$

5.4 数值结果与讨论

5.4.1 收敛性分析与比较

本章选择对 Henry 等[19]实验中给出的波能转换装置的砰击现象进行研究。取波能板的无因次高度为1.0,无因次半宽B为0.21。将水深d设置为1.5,相对于板的高度来说,这一水深是非常浅的。当强迫波能板旋转时,波能板会对流场产生扰动,对于二维浅水情况,扰动主要沿着水平方向进行传播。如果是在深水中,扰动可以向两侧和底部180°的方向进行传播。相比深水中的情况,扰动在浅水中会以更快的速度向两侧传播。因此,本章将取一个适当的、较大的计算域截断边界,设置为$|x|=50$,以保证边界反射不会对结果产生任何影响。为了减少单元的使用数量,提高计算效率,本章将在边界上布置不均匀网格。在物体表面及一部分自由面布置最小长度的单元格。从自由液面的一个点Q开始,单元格的长度以一个固定比率逐渐增加。Q点可以被设置为与板中线平行且距中心线为1的直线与自由液面的交点。在定义在公式(5.13)和(5.14)的旋转坐标系中,相当于Q点的位置为$|\xi|=1$。图5.3~5.5给出了波能板以给定角速度$\Omega=0.5$逆时针方向旋转的结果。在整个5.3.1节,一直采

用此算例进行数值分析。这部分计算的目的为，验证区域分解方法的准确性、单元格的收敛性以及时间步长的收敛性。在初始时刻，强迫波能板从垂直位置或者从 $\gamma=0$ 位置开始启动。物体表面压力分布的横轴以 s 表示，s 的物理意义为以板中心线与板表面的交点为原点，沿物体表面计算的弧线长度。s 为负表示波能板的左半表面，为正则表示为另外半边表面。图 5.3 所示的结果分别为采用区域分解方法和单区域方法得到的自由表面形状和压力分布，可以看到，两条曲线完全重合，也就是说区域分解方法的使用不会引起数值结果发生偏离或异常。区域分解方法通常可以用来对计算域进行分解，以提高计算效率和缩短计算时间。为了验证数值过程的单元收敛性，最小单元长度 l_m 分别设置为 0.02，0.03 和 0.04，单元尺度增加比率被设置为 1.02。最大单元长度不允许超过 0.4。图 5.4 给出了不同单元布置的波能板运动到 $\gamma=\pi/4$ 位置的数值结果，可以看到，不同单元分布的数值结果吻合得非常好，说明目前方法是单元独立的。时间步长 dt 被设置为 $l_m/(\mu V_{max})$，其中 V_{max} 是每个时间步自由面上所有节点速度的最大值，μ 是一个步长控制系数，一般来说 $5\leqslant\mu\leqslant10$。图 5.5 分别给出了不同步长的数值结果，步长控制系数分别取为 $\mu=5$ 和 $\mu=10$，最小单元长度被设置为 $l_m=0.03$。可以看出，两条曲线基本重合。因此，在下面的数值模拟中，如果没有特别说明，设置最小单元长度 $l_m=0.03$，设置步长控制系数 μ 为 10。

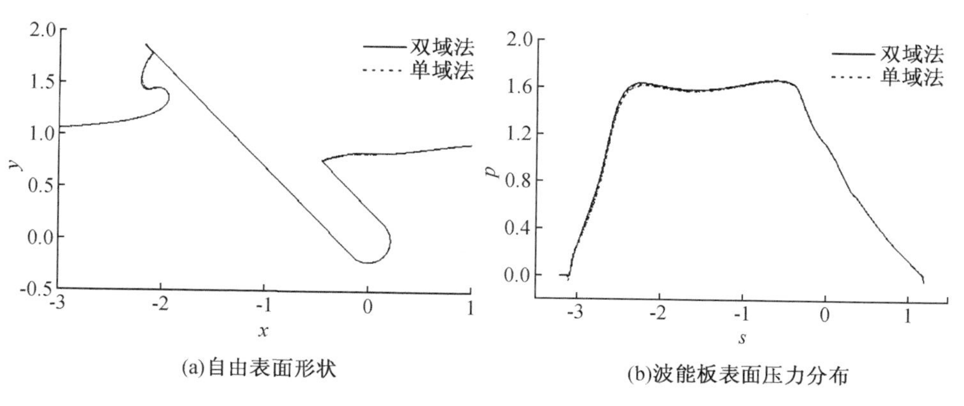

图 5.3　矩阵分解方法与单域法数值结果对比（$\gamma=\pi/4$，$\mu=10$，$l_m=0.03$，$\Omega=0.5$）

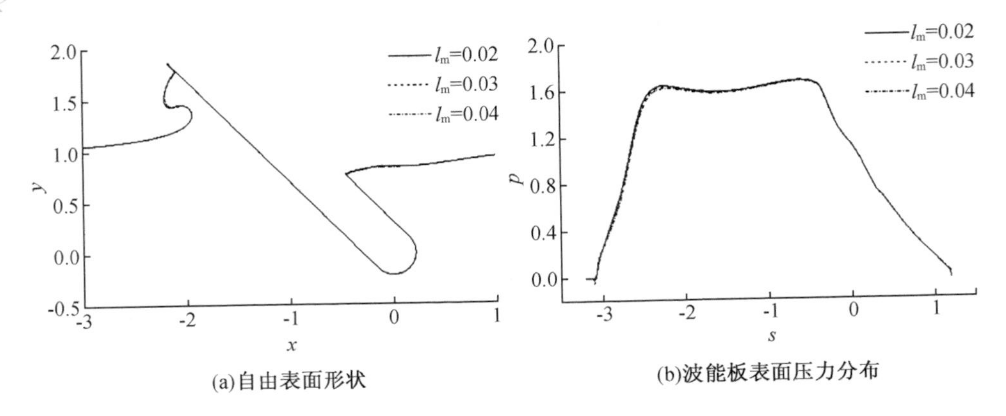

(a)自由表面形状

(b)波能板表面压力分布

图 5.4　单元收敛性研究($\gamma=\pi/4,\mu=10,\Omega=0.5$)

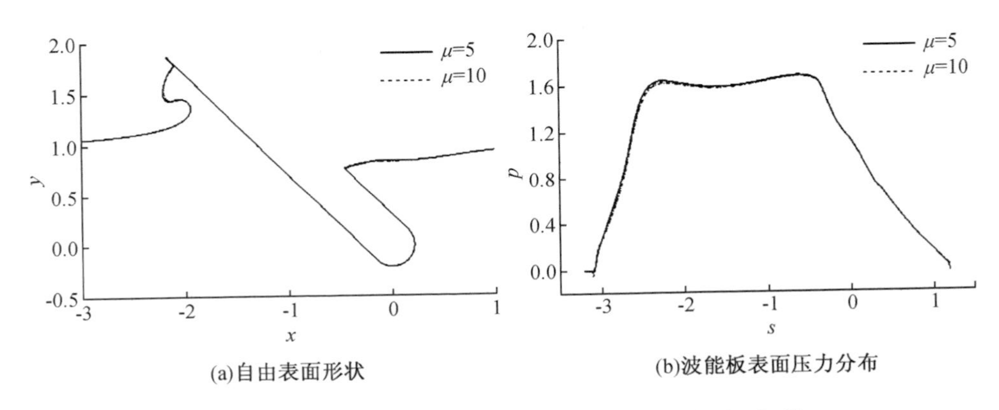

(a)自由表面形状

(b)波能板表面压力分布

图 5.5　时间步长收敛性研究($\gamma=\pi/4,l_m=0.03,\Omega=0.5$)

区域分解方法的核心思想为,让下落的射流移入 Riemann 的第二层流体域,并且忽略二次砰击效应。尽管这种做法已经被应用到很多实际问题之中,但是仍然有必要去验证这种方法是否会对结果产生影响。现在仍然考虑角速度 $\Omega=0.5$ 的算例。经过数值模拟发现,在波能板到达 $\gamma=\pi/3$ 之前,向下的翻卷射流会冲向主流体域。图 5.6 给出了通过区域分解方法求解得到的波能板运动到 $\gamma=\pi/3$ 位置时的物体表面压力分布。与此同时,图 5.6 也给出了另外一个通过单区域方法计算得到的压力结果。对于翻卷射流,单区域方法的处理思路为,一旦射流尖端触碰到主流体域,射流尖端将会被切断,这样便不会出现区域的重叠,可以实现采用单区域方法求解流体域以及计算物面压力。对于本章目前给出的算例,在波能板到达 $\gamma=\pi/3$ 之前,如果采用单区域法,射流尖端将被切断 16 次。从图 5.6 的结果来看，两条压力曲线吻合得非常好，也就是说，区域分解方法并不会导致压力计算结果发生错误，也可以得出这个结论，截断的部分翻卷射流对压力结果影响不大。但是在这里需要特别指出，如果采用区域分解方法，压力随时间的变化会更加光顺。当采用射流尖端切断方法时，压力对时间的导数 dp/dt 有时在切断瞬间可能发生陡急的突变。

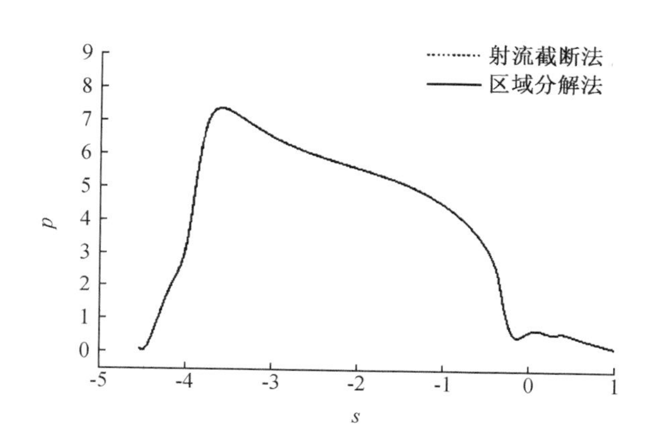

图 5.6　射流尖端切断方法与区域分解方法的压力对比（$\gamma=\pi/3$，$\Omega=0.5$）

5.4.2　波能板在无波浪条件下的水动力性能研究

在恶劣海况条件下，波能板会获得较高的速度，此时砰击现象会非常显著。当砰击发生时，波能板表面局部压力变大，在射流根部附近压力梯度非常陡。这种现象类似于船舶在恶劣海况下航行，使得船舶在水中进行大幅度的垂荡和纵摇，当它的船艏或者艉部以较高速度出水或者入水时，砰击现象会随之发生。为了便于分析，将角度 γ 写为 $\gamma=\gamma_0\cdot\alpha$，其中 $0\leqslant\alpha\leqslant1$，且 γ_0 是波能板所能达到的最大角度，同时让 $\varphi=\Omega\varphi$。通过关系式 $\frac{\partial}{\partial t}=\frac{\partial}{\partial\gamma}\cdot\frac{\partial\gamma}{\partial t}=\frac{\Omega}{\gamma_0}\cdot\frac{\partial}{\partial\alpha}$，欧拉形式的自由表面边界条件可以转化为

$$\frac{\partial\varphi}{\partial\alpha}+\frac{1}{2}\gamma_0\nabla\varphi\nabla\varphi+\frac{\gamma_0}{\Omega^2}\eta+\frac{\gamma_0\dot{\Omega}\varphi}{\Omega^2}=0 \tag{5.20}$$

$$\frac{\partial\zeta}{\partial\alpha}=\gamma_0\cdot(\varphi_y-\varphi_x\eta_x) \tag{5.21}$$

求解压力的伯努利公式转化为

$$p = -\frac{\Omega^2}{\gamma_0}\varphi_\alpha - \frac{\Omega^2}{2} \cdot |\nabla\varphi|^2 - \eta \tag{5.22}$$

当 $\dot{\Omega}=0$ 时，公式(5.20)表明在保持 Ω 不变的情况下，γ_0 越小，重力效应越不显著。换句话说，重力效应起作用需要一段时间。而公式(5.21)表明自由表面会随着 γ_0 的变化而发生改变。现在考虑一个算例，设置波能板以恒定角速度 $\Omega=0.5$ 旋转，图 5.7 分别给出波能板旋转到不同位置的数值结果，显示的三个位置分别对应在 $\gamma_0=\pi/6,\pi/4,\pi/3$。

图 5.7 给出了角速度 $\Omega=0.5$ 的波能板旋转到不同角度 γ_0 的自由表面形状和压力分布。当角度 γ_0 比较小时，可以将公式(5.20)和(5.21)近似为 $\varphi=0$ 和 $\eta=0$。随着 γ_0 的增加，自由表面发生改变，重力效应越来越显著。因此在图 5.7(a)中，位于迎浪方向的波能板左侧，当波能板运动到 $\gamma_0=\pi/6$ 位置时，考虑重力的自由表面结果最接近于不考虑重力的结果，并且沿着板表面形成了很明显的射流。随着 γ_0 的增加，重力效应越来越显著，考虑重力与否对结果影响很大，考虑重力的射流有向下运动的趋势，不考虑重力的射流沿着物面继续升高。当角度增加到 $\pi/4$ 时，两者的差别已经非常明显，当角度增加到 $\pi/3$ 时，两者的差别在已经给出的结果中为最大值。本章在这里描述一个特别的现象——翻卷射流的形成过程。随着角度的增加和重力效应的增加，顶部射流慢慢下降，而射流底部的主流体域流体有继续向上运动的趋势，在顶部流体与底部流体的挤压作用下，在射流顶部和主流体域之间形成一个凸起，为翻卷射流。此时，沿着物体表面的薄射流层慢慢消失，翻卷射流在本身重力和波能板旋转速度的影响下，开始逐渐向主流体域靠近。当波能板运动到 $\gamma_0=\pi/3$ 位置时，翻卷射流最终冲入主流体域，此时需要采用区域分解方法进行后续的数值模拟。很明显，重力在此过程中扮演一个关键的角色。然而，在没有重力作用的时候，在波能板向下速度分量的作用下，翻卷射流现象也会发生。只是重力作用会让这种情况发生得更快。在波能板的背面，随着波能板向左下方运动，自由面也有向下运动的趋势。当有重力作用时，下方的水会提供浮力，这将减缓自由面下降的趋势。因此图 5.7(b)中考虑重力效应的自由液面升得更高一些。

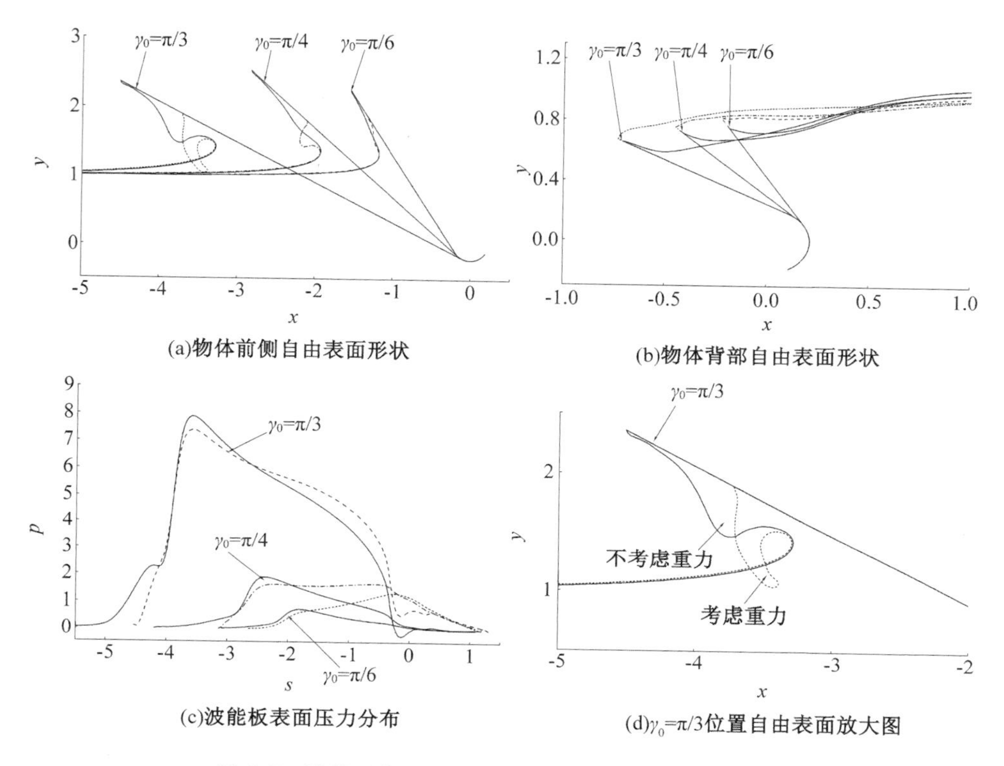

图 5.7　波能以角速度 $\Omega=0.5$ 旋转到不同位置的结果

注:实线表示不考虑重力,虚线表示考虑重力。

随着 γ_0 的增加,波能板与静水面之间的角度逐渐变小,在入水问题中,通常称此角为底升角。较小的底升角通常对应一个较大的射流根部压力梯度,其原因为,通常自由表面在射流根部附近会沿着物体表面产生一个比较陡的转换。因此,随着 γ_0 的增加,波能板表面的压力和压力梯度也随之增加,见图 5.7(c),其中 s 是从物体表面与板中心线的交点开始,沿着物体表面的弧线长度来计量的。如果将图 5.7(a)和(c)合并,可以看到在波能板与静水面的交点附近,考虑重力和不考虑重力的压力结果非常接近。发生这种现象主要有两方面的原因,一方面是由于公式(5.22)中的最后一项的水静压力在 $\zeta\approx0$ 处几乎是可以忽略的,此外,公式(5.20)中自由表面的波面起伏在此区域的影响非常小。从这一点开始向左(右)移动,考虑重力的压力一般比不考虑重力的压力要小(大),其变化取决于此区域水静压力的符号。我们进一步注意到在 $s=0$ 附近,由于物体运动引起的局部扰动非常小,几乎只有水静压力,因此考虑和不考虑重力结果的压力值分别近似为 1 和 0。可以将这个规律拓展到波能板的背面。在图 5.7(c)中,$s>0$ 的板表面压力几乎是线性分布的,这也表明压力主要来源于水静压力。

现在固定 γ_0,当 $\Omega \geqslant 1$ 时(平均水面附近波能板线加速度与重力加速度比值的无因次结果远远大于 1),公式(5.20)中 η 项的影响将变得无关紧要。当忽略与重力相关的 η 项时,φ 的结果将不会受到速度 Ω 的影响,或者说 φ 将独立于 Ω。图 5.8 给出了波能板以不同速度运动到给定角度 $\gamma_0=\pi/3$ 位置的自由表面形状和压力分布。Ω 越大,重力影响越弱。这就解释了图 5.8(a)中 $\Omega=5$ 的自由表面形状与不考虑重力的自由表面形状非常接近的现象。分析压力公式(5.22),可以注意到当 Ω 足够大时,压力公式中最后的 η 项也可以忽略。因此图 5.8(b)中 p/Ω^2 的结果在速度为 $\Omega=5$ 时与将公式(5.22)中重力项完全忽略的结果几乎一样。在大角速度 $\Omega=5$ 的情况下,波能板迎浪一侧砰击的典型特征一目了然。射流沿着波能板表面快速上升,在射流根部,自由表面曲率最大,压力梯度也最大。随着 Ω 的减小,重力效应随之减弱。射流变短,迎浪一侧的自由表面变低。随着角速度进一步降低,重力效应开始转强,射流在重力作用下继续下落,此时,局部翻卷射流将会形成,并且冲向主流体域。这表明自由面在波能板的作用下发生翻卷,然后再次落入主流体域。随着角速度 Ω 的下降,波能板迎浪面的压力 p 与 Ω^2 的比值显著下降,但是这种现象只局限于动压力占支配地位的射流根部区域。随着水深的增加,动压力作用会变得越来越小,静压力起的作用越来越显著。原因与上一个算例类似,不再赘述。因此,即使角速度发生比较大的改变,考虑重力的压力结果在底部和背部受速度变化的影响较小。图中的差别主要是源于相同的压力 p 被不同的 Ω^2 标准化。

上一个算例是考虑加速度 $\dot{\Omega}=0$ 的情况。本章现在考虑在初速度为 0 的情况下波能板以不同加速度 $\dot{\Omega}$ 进行旋转的情况。不难知道,当 γ 接近于 γ_0 时,可以得到关系式 $\Omega^2=2\dot{\Omega}\gamma_0$。将这个关系式代入到公式(5.20)和(5.22),可以发现,当 $\dot{\Omega} \gg 1$ 时,重力效应几乎可以忽略(或者在静水面附近板的切向加速度与重力加速度比值的无因次化结果远大于 1)。当完全忽略公式(5.20)中的重力项时,φ 在给定 γ_0 的条件下不直接依赖于 $\dot{\Omega}$。公式(5.22)表明当忽略重力项或者 η 项时,比值 $p/\dot{\Omega}$ 只依赖于 γ_0。

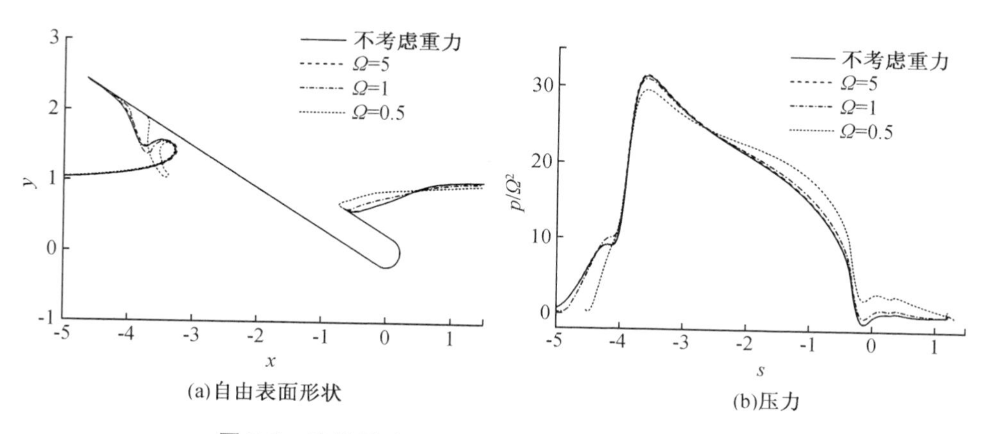

(a)自由表面形状　　(b)压力

图 5.8　波能板以不同角速度旋转到 $\gamma_0 = \pi/3$ 的结果

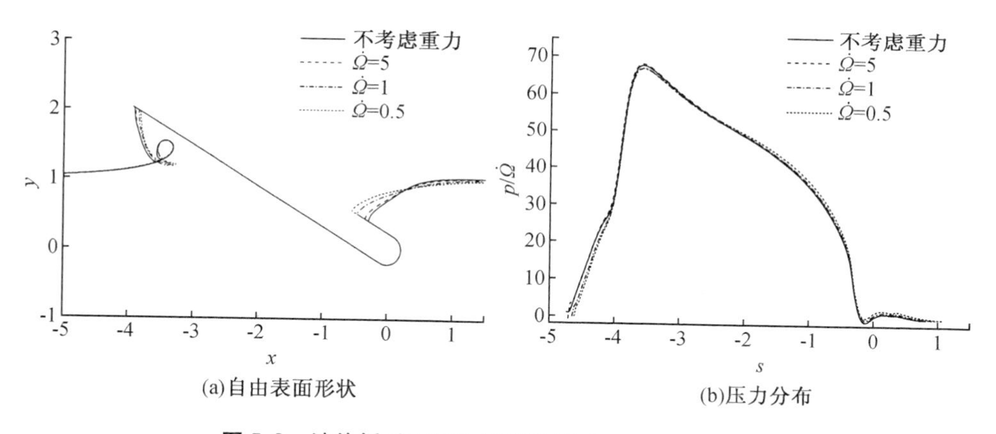

(a)自由表面形状　　(b)压力分布

图 5.9　波能板以不同加速度旋转到 $\gamma_0 = \pi/3$ 的结果

图 5.9 给出了波能板以不同加速度运动到 $\gamma_0 = \pi/3$ 位置时自由表面形状以及以加速度 $\dot{\Omega}$ 进行标准化的压力 p，加速度的值分别取为 $\dot{\Omega} = 5.0, 1.0$ 和 0.5。基于上面的讨论，当忽略重力项 η 时，φ 将独立于 $\dot{\Omega}$。当 $\dot{\Omega} \gg 1$ 时，η 项的影响将微不足道。因此在图 5.9 中，很难将 $\dot{\Omega} = 5.0$ 的自由面形状与不考虑重力的自由面形状进行区分。随着加速度的减小，重力的影响越来越显著，因此波能板迎浪面的自由面下降，最终，射流会转变成一个向下凸起的翻卷射流，冲入主流体域。当加速度下降到 $\dot{\Omega} = 0.5$ 时，此时重力效应最为显著，重叠的区域（位于水中的翻卷射流部分）达到最大。重力对压力的影响类似于对自由面的

影响,如图 5.9(b)所示。加速度 $\dot{\Omega}$ 越大,压力结果越接近于不考虑重力的情况。在 $s=0$ 附近,水静压力项最为重要,因此,不同加速度的压力结果在数值上接近,比值 $p/\dot{\Omega}$ 会以 $1/\dot{\Omega}$ 为比例增加。由图 5.8(b)的结果也可以得到相同的结论,p/Ω^2 在 $s=0$ 附近以 $1/\Omega^2$ 为比例增加,在 $s=0$ 附近来源于水静力项的压力绝对值差别不大,曲线之间的差别来源与旋转速度的不同。

考虑关系式 $\gamma_0/\Omega^2=1/(2\dot{\Omega})$,$\gamma_0$ 与公式(5.20)和(5.22)的 η 项无关,这与固定 Ω 的算例不同。然而,由公式(5.21)可知,自由表面 η 非常依赖于 γ_0,也就是说,自由表面形状与波能板位置密切相关。图 5.10 给出了波能板位于不同位置 γ_0 的自由表面形状和压力分布,设置加速度为 $\dot{\Omega}=1$。既然公式(5.20)和(5.22)的 η 项不直接包含角度 γ_0,对于是否考虑重力,自由表面和压力分布结果的差别不会像前面的算例一样明显。与入水砰击问题类似,由于底升角的降低,压力会随着角度 γ_0 的增加而快速增加。

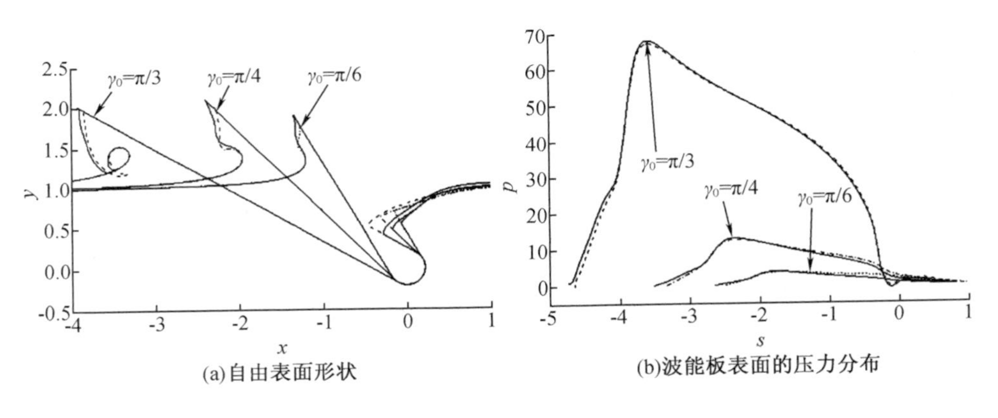

图 5.10 波能板以加速度 $\dot{\Omega}=1$ 旋转到不同位置的结果

注:实线表示不考虑重力,虚线表示考虑重力。

在 Henry 等[19]的文章中有个有趣的现象,翻卷射流通常会以抛物线形状的轨迹落入主流体域。然而,在上面的算例中很难发现类似的现象。事实上,通过本书的数值计算也可以模拟出这样的结果,我们发现,这种现象通常是发生在波能板以减速度运动的时候。因此考虑让板从 $\gamma_0=0$ 的位置以初速度 $\Omega_0=0.5$ 开始运动,运动过程中保持一个恒定的减速度 $\dot{\Omega}=-0.1$。图 5.11 给出了波能板运动到不同位置 γ_0 的自由表面形状。可以看到,射流下落的轨迹是抛物线形状的。这与 Henry 等[19]的实验现象类似。

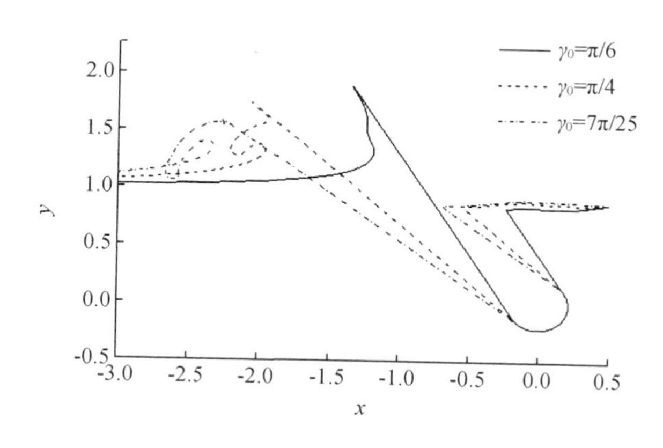

图 5.11　波能板以初速度为 $\Omega_0=0.5$ 和加速度 $\dot{\Omega}=-0.1$ 运动的自由面形状

5.4.3　波能板在波浪中的水动力性能研究

上节研究的是波能板在无波浪条件下的砰击现象。当考虑波浪时，入射速度势改变了流体与物体之间的相对速度以及有效底升角，这会对砰击过程产生显著影响。目前的方法可以处理任何给定的入射波，本章将选择有限水深 Stokes 波为例。对于一个适中的波浪高度，非线性波取到五阶就足够了，相应的速度势和波面起伏参考第 2 章 2.3.2 节的有限水深五阶 Stokes 波公式。

分别设置波长和波高为 5.0 和 0.2，对应的周期为 5.69。首先让波能板静止于入射波中，当板周围的的流体达到周期性稳定以后，启动波能板。通过数值验证，自由面和波能板表面的压力分布在入射波绕流两个周期以后会实现周期性变化，因此本例选择波能板在 $t=2T$ 时刻开始启动。在 $t=0$ 时刻，分别调整入射波的初始相位 θ_0 为 0，$\pi/2$ 和 π，对应到未被扰动的入射波初始位置分别为波峰，波节及波谷。

图 5.12 ~ 图 5.14 给出波能板以角速度 $\Omega=0.5$ 分别从波峰、波节、波谷开始启动冲入波浪的自由表面形状和压力分布。当旋转角度不大或者波能板启动时间很短时，波能板从波峰位置开始启动的自由表面与在静水中启动的结果非常类似。对照图 5.7(a) 中在静水中开始启动波能板的自由面形状，在波浪中，随着 γ 的增加，图 5.12(a) 的自由表面首先开始升高，然后在射流根部和顶端之间形成一个凸出的翻卷射流。随着 γ 的继续增加，翻卷射流较低的一端落入主流体域，重叠区域可以用前面讨论的区域分解方法来处理。与静水砰击不

同的是，翻卷射流的上半部分与板表面越来越近，最终触碰到板表面，在翻卷射流和板之间便形成一个气泡。此时需要将流体域进行进一步的分解，才能让数值模拟继续进行下去，此时数值过程会更加复杂。由于这种情况并不常见，当翻卷射流触碰到板表面以后，本章将不再考虑，见图 5.12(a)。图 5.12(b)给出了相应的压力分布，可以看到在 $\gamma=7\pi/25$ 位置，与自由面接近的物面有一个垂直的压力分布，此处压力梯度极大，这种现象是流体运动方向的快速变化引起的。由于物面压力也包含入射波压力的贡献，因此它的压力最大值的变化与静水中的变化有些不同。同样，波能板背部的压力由于波浪的影响也表现出一些非线性特性。

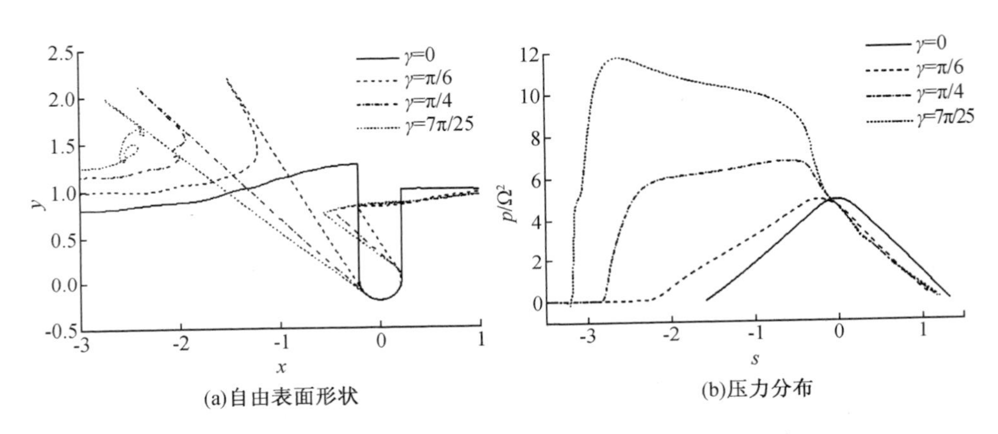

(a)自由表面形状　　(b)压力分布

图 5.12　波能板以角速度 $\Omega=0.5$ 从波峰位置开始启动

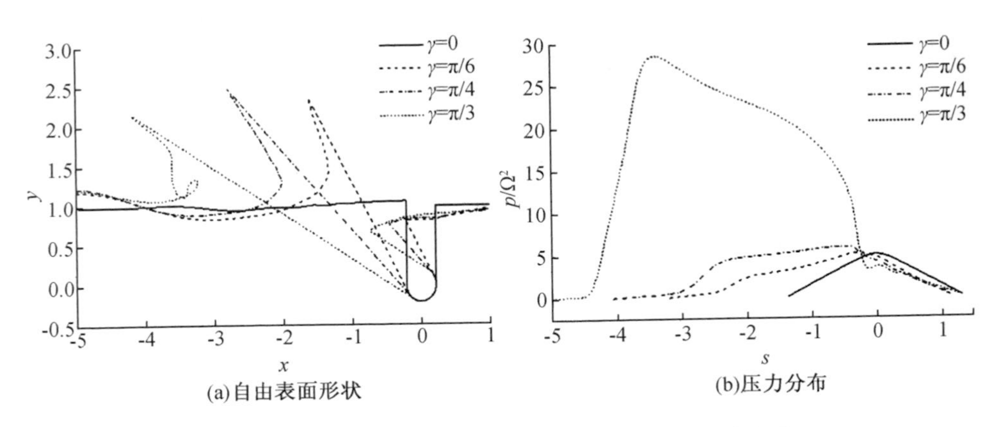

(a)自由表面形状　　(b)压力分布

图 5.13　波能板以角速度 $\Omega=0.5$ 从波节位置开始启动

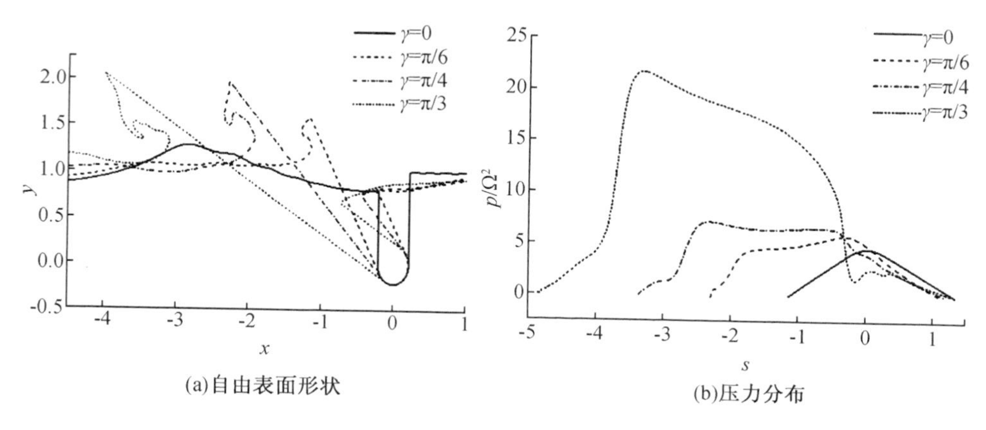

图 5.14 波能板以角速度 $\Omega=0.5$ 从波谷位置开始启动

当波能板从入射波的波节位置开始启动时,物面与自由面之间将不会形成气泡。只需要采用双区域方法就可以使数值模拟顺利进行。与前面的算例类似,可以提供波能板旋转到 $\gamma=\pi/3$ 的数值结果,形成的翻卷射流将会落入主流体域。图 5.13(b)中的压力梯度明显要比图 5.12(b)中的压力梯度缓和。图 5.14(a)给出了波能板冲入波谷的自由表面形状。在 $\gamma=\pi/3$ 位置,射流还没有进入到主流体域,只是形成一个与板表面平行的凸起。图 5.7 与图 5.12 ~5.14 的差别验证了非线性入射波的重要影响。根据上一章的分析,入射波与物体的相对水平速度、相对位置和有效底升角都是重要的影响因素。在波峰和波谷位置,入射波分别有一个正的或负的水平速度,这会导致入射波与波能板之间的相对水平速度变大或者变小。此外,在波峰处,自由表面会随后向下运动,然而在波谷自由面会有向上运动的趋势。因此,波谷的自由面随着角度的增加会沿着板表面上升,这会阻碍翻卷射流落回水中,见图 5.14(a)。当初始相位为 $\theta_0=\pi/2$ 时,波节处的入射波水平速度近似为 0。因此,与图 5.12(a)和 5.14(a)相比,图 5.13(a)的结果更接近于图 5.7(a)中的静水砰击结果

在下一个算例中,波能板的旋转速度被提高到 $\Omega=1.0$,仍然分别从波峰、波节、波谷开始启动,数值结果分别在图 5.15 ~5.17 中给出。与图 5.8(a)的结果类似,当 Ω 增加的时候,由于旋转时间缩短,重力效应减弱,翻卷射流落入主流体域的可能性变小。图 5.15(b),5.16(b)和 5.17(b)的压力分布与图 5.8(b)变化规律类似。然而,在图 5.17(b)中,物体表面和自由表面交点的压力分布有些局部振动,这实质上是翻卷射流的复杂变化所致。

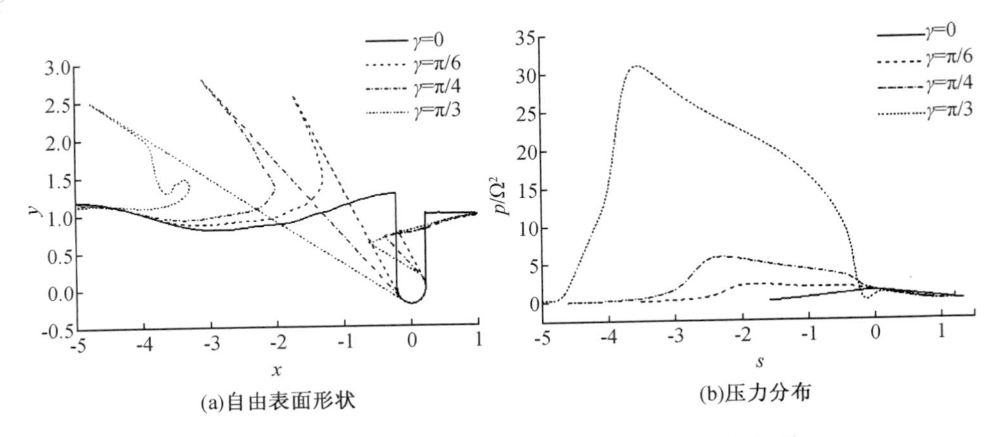

(a)自由表面形状 (b)压力分布

图 5.15 波能板以角速度 $\Omega = 1.0$ 从波峰位置开始启动

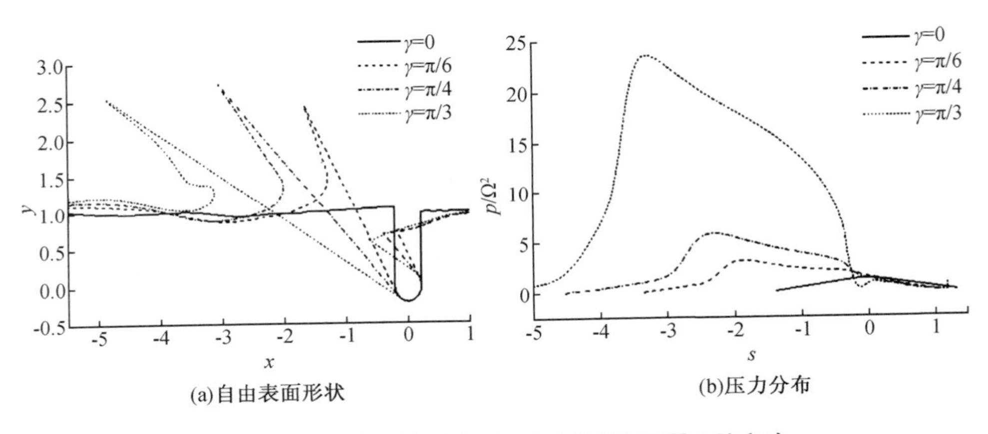

(a)自由表面形状 (b)压力分布

图 5.16 波能板以角速度 $\Omega = 1.0$ 从波节位置开始启动

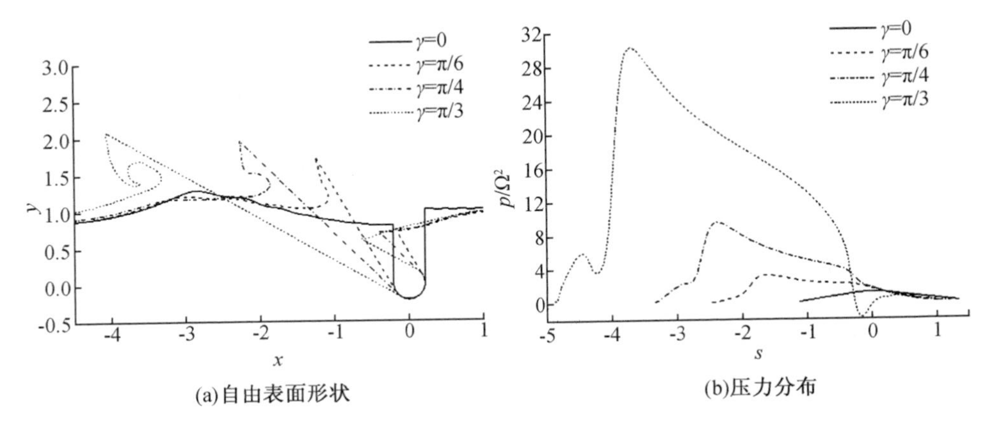

(a)自由表面形状 (b)压力分布

图 5.17 波能板以角速度 $\Omega = 1.0$ 从波谷位置开始启动

当将角速度 Ω 进一步提高到 5.0 时，波能板达到一个给定角度需要的时间更短。在一段非常短的时间内，由于时间变化引起的入射波流场变化变得无关紧要。此时，由物体运动引起的流场变化将起决定作用。图 5.18(a) 和 5.19(a) 中的结果表明，由于旋转速度较大，翻卷射流不会进入主流体域。然而，当波能板从波谷开始启动时，即使旋转速度相同，结果也截然不同。图 5.20(a) 中给出的结果表明，波能板以很高的速度从波谷开始启动，翻卷射流会进入到主流体域。由图 5.20(a) 可见，在 $\gamma=0$ 位置，波面与波能板左侧表面的交点在平均水表面以下。然而，在板左侧不远处有一个波峰。当波能板旋转到 $\gamma=\pi/3$ 位置时，冲入迎面而来的波峰，波峰将水表面沿着物面向上推，形成的翻卷射流最终落入主流体域。如图 5.14(a) 所讨论的一样，形成的翻卷射流方向会沿着板表面的切线方向，或者与板表面平行。相应地，图 5.20(a) 形成的翻卷射流或者凸起也是沿着板的切线方向。

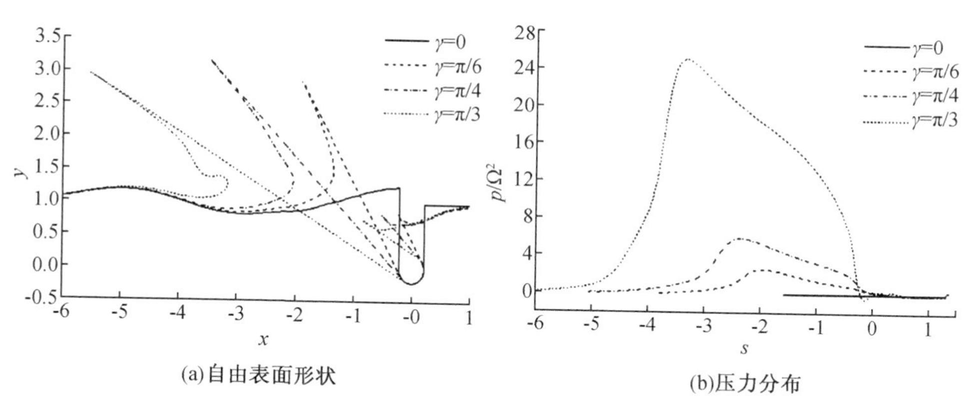

(a)自由表面形状　　(b)压力分布

图 5.18　波能板以角速度 $\Omega=5.0$ 从波峰位置开始启动

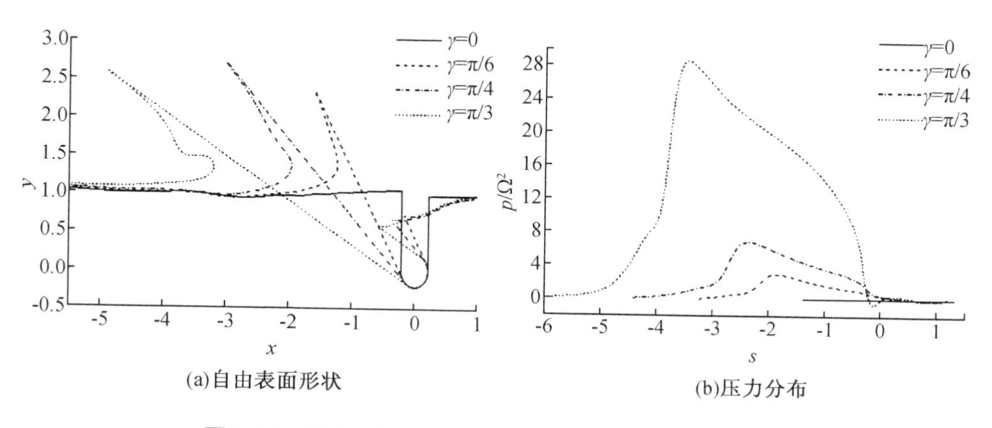

(a)自由表面形状　　(b)压力分布

图 5.19　波能板以角速度 $\Omega=5.0$ 从波节位置开始启动

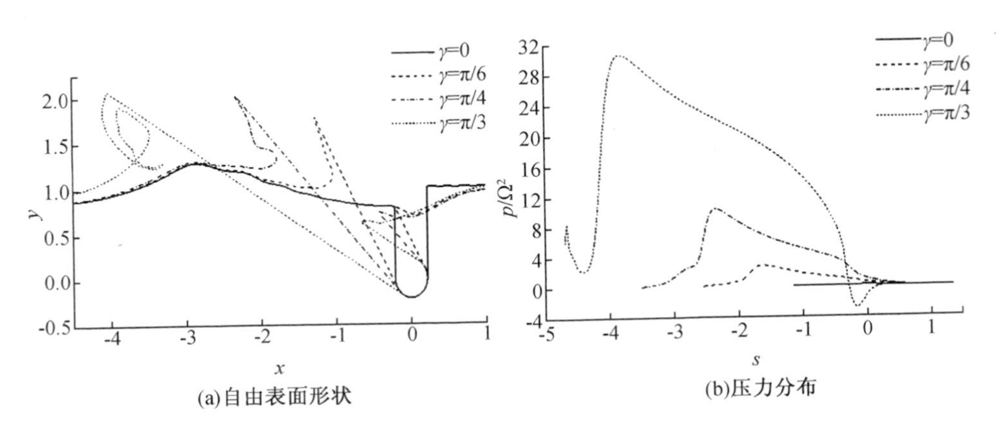

图 5.20 波能板以角速度 $\Omega=5.0$ 从波谷位置开始启动

5.5 本章小结

本章研究了波能转换装置 Oyster 在非线性规则波中的受力情况，分析了重力和非线性入射波对数值结果的影响。同时，对翻卷射流现象以及其对压力的影响进行重点研究。采用边界元法与区域分解方法处理翻卷射流的二次砰击问题，其中区域分解方法用于处理落入主流体域的翻卷射流。在讨论中，本章主要展开了两个方向的数值模拟，分别为波能板在静水中的砰击和波能板在波浪中的砰击，得到本章重要小结如下。

(1)当波能转换装置在无波浪条件下以一个恒定角速度进行旋转时，随着旋转角度和时间的增加，重力效应变得越来越重要。在物体表面首先会形成一层射流，在重力和波能板速度的作用下，逐渐转变成翻卷射流。随着角度的继续增加，翻卷射流最终会落入主流体域。射流根部的压力会随着有效底升角的降低而显著增加。波能板底部及背部的压力由于受到的扰动很小，几乎满足线性变化规律。

(2)当波能板以不同角速度旋转达到一个给定的角度时，角速度 Ω 越大，重力效应越弱。随着 Ω 的增加，自由表面和通过由 Ω^2 进行标准化的压力 p 都会接近于不考虑重力的结果。当 Ω 较小时，翻卷射流落入主流体域的可能性更大。

(3)当波能板以不同加速度达到一个给定的角度时,加速度 $\dot{\Omega}$ 越大,自由表面和通过由加速度 $\dot{\Omega}$ 标准化以后的压力 p 更接近于不考虑重力的结果。加速度越小,翻卷射流落入主流体域的可能性越大。

(4)当波能板冲入一个给定的入射波时,由于物体与流体之间相对速度以及有效底升角的变化,数值结果变得完全不一样。当旋转速度 $\Omega=0.5$ 时,如果波能板在入射波的波峰或者波节位置开始启动,翻卷射流会更早地落入主流体域。在波能板从波谷开始启动的整个数值模拟中,下冲射流全程没有触碰到主流体域。取而代之的是形成了沿着波能板切线方向的翻卷射流。Ω 越大,波能板到达一个相同的位置所需要的旋转时间就越短,重力效应因此越弱,翻卷射流落入主流体域的可能性更小。对于速度为 $\Omega=1.0$ 和 5.0 的大部分算例,都符合这种情况,大部分翻卷射流都没有落入到主流体域之中。但是存在一个特殊的算例,即旋转速度 $\Omega=5.0$ 且波能板从波谷开始启动,形成的翻卷射流在 $\gamma=\pi/3$ 位置落入主流体域。这是由于翻卷射流遇到了迎面而来的下一个波峰。

(5)在目前的工作中,波能板的运动形式是已知的。但是在实际的海况中,波能转换装置的旋转速度并不是自由设置的,而是波浪激励下的耦合运动。这样的一个问题必须通过流体和物体耦合运动分析来加以求解,本书将在后面章节考虑此问题。

第6章　摆板式波能转换装置效率的理论研究

本章将以 Oyster 波能转换装置为例，研究摆板式波能转换装置的效率及其在波浪中的非线性运动问题，在非线性系统下研究波能转换装置吸收波能的机理，探索提高系统效率的方法以及分析非线性的影响。本章首先给出了计算摆板式波能转换装置波能吸收效率的方法。计算效率的前提条件是需要已知波能板的运动。本章将基于势流理论，从时域和频域两个思路出发对波能转换装置的运动问题进行求解。时域上采用完全非线性边界元法，建立摆板式波能转换装置在流体域内的耦合运动方程，求解波能板的完全非线性运动，进而求解波能板的完全非线性效率。频域上根据线性理论将全部速度势进行分解，建立波能板的稳态运动方程，求解波能板的线性运动和效率，且应用 Haskind 变换关系求解波浪激振力。

6.1　波能吸收效率的计算

波能板为摆板式波能转换装置吸收波能的主体，在波浪的激励下，波能板周期性来回摇摆。由于它的水平方向和竖直方向均被固定住，因此只需要考虑一个自由度的运动，也就是旋转。波能板受到的流体外力包括入射波浪力，入射波浪绕过波能板的绕射力、由波能板本身运动引起的辐射力以及静浮力，当然也包括本身重力的影响，将全部外力距放在等式右侧，以符号 M 表示。波能板吸收波能的过程为，波能板从波浪获取的波浪能通过波能板本身的运动转换为自身的机械能，带动能量输出系统运动以产生电能。也就是说，波能板会受到带动能量输出系统工作的反作用力。因此波能板的运动公式可以表达为

$$(I+a_{\mathrm{pto}})\dot{\Omega}+b_{\mathrm{pto}}\Omega+c_{\mathrm{pto}}\gamma=M \tag{6.1}$$

其中 $\dot{\Omega}$ 为角速度的时间导数，其含义为波能板旋转运动的加速度，I 为波能板

绕旋转中心的转动惯量，a_{pto}和c_{pto}分别体现能量输出系统的惯性特性和弹性特性，而b_{pto}代表能量输出系统或者发电装置的机械阻尼。在每个波浪周期内，波能转换装置在每单位时间所吸收能量的速率E_{P}可以定义为流体在单位时间内对波能转换装置所作的功。能量吸收速率E_{P}的表达式为

$$E_{\text{P}} = \frac{1}{mT}\int_{t}^{t+mT} M\Omega \mathrm{d}t = \frac{b_{\text{pto}}}{mT}\int_{t}^{t+mT} \Omega^2 \mathrm{d}t \tag{6.2}$$

假设公式(6.1)中的所有机械参数不会随物体运动以及周围环境的变化而发生改变，也就是假设能量输出系统为线性系统，通过公式(6.1)的计算就可以得到流体力矩M，代入到公式(6.2)便可以得到能量吸收速率E_{P}。式(6.2)中T为物体运动的周期，一般与波浪周期一致，$m\geqslant 1$是一个整数，为选取的稳态运动的周期。从公式(6.2)中的最右侧可以看出，对于一个周期性运动，波能板获得的机械能只与物体运动速度Ω以及能量输出系统的机械阻尼b_{pto}有关系。如果将物体运动的位移γ写成级数的形式，则有

$$\gamma = Re\left(\sum_{n=0}^{\infty}\theta_n \mathrm{e}^{\mathrm{i}n\omega t}\right) \tag{6.3}$$

式中$\omega = T/2\pi$为频率，θ_n是震荡频率为$n\omega$的复数幅值，对公式(6.3)两侧同时求时间导数，可以得到角速度Ω，代入到公式(6.2)便可以得到能量吸收速率E_{P}的另外一个非线性表达式

$$E_{\text{P}} = \frac{1}{2}b_{\text{pto}}\omega^2\sum_{n=1}^{\infty}(n|\theta_n|)^2 \tag{6.4}$$

公式(6.2)和(6.4)表明机械阻尼系数b_{pto}与机械能转化速率息息相关，b_{pto}实质上等价于提取能量的比率。但是b_{pto}并不是越大越好，后面将会给出详细的讨论。

为了研究波能转换装置吸收能量的效率，首先需要给出波浪中传播的能量是多少。位于$0<x<\lambda$之内的波能E的传播速率可以写为[89]

$$\frac{\mathrm{d}E}{\mathrm{d}t} = \int_{-d}^{\eta(\lambda,t)}\varphi_t\varphi_x \mathrm{d}y - \int_{-d}^{\eta(0,t)}\varphi_t\varphi_x \mathrm{d}y \tag{6.5}$$

式中λ为波长，d为水深。公式(6.5)中等式右端第一项的物理意义为流出流体域的能量流动速率，第二项为流入流体域的能量流动速率。对于一个给定的波浪，为了保证能量守恒，流入和流出给定区域的能量流动速率相同。对于波速为c的周期性行进波，容易得到关系式$\varphi(x,y,t)=\varphi(x-ct,y)$，式中波速$c=$

ω/k，ω 为波浪圆频率，k 为波数。对公式两端同时求时间导数可以得到 $\varphi_t = -c\varphi_x$。因此，一个周期内的平均能量流动速率在 $x=0$ 位置可以表达为

$$E_{\mathrm{W}} = \frac{\lambda}{T^2}\int_0^T\int_{-d}^{\eta(0,t)} \varphi_x^2 \mathrm{d}y\mathrm{d}t \tag{6.6}$$

其中 λ 为波长，T 为周期，容易知道 $\lambda = cT$，η 为波面起伏。假设给定的入射波速度势为 φ_{I}，波面起伏为 η_{I}，平均波能流动速率 E_{W} 可以写为

$$E_{\mathrm{W}} = \frac{\lambda}{T^2}\int_0^T\int_{-d}^{\eta_{\mathrm{I}}(0,t)} \varphi_{\mathrm{I}x}^2 \mathrm{d}y\mathrm{d}t \tag{6.7}$$

公式(6.7)给出的平均波能流动速率适用于任何形式的波浪。如果将非线性波速度势的解析公式代入公式(6.7)，求解的 E_{W} 便为非线性波的平均波能流动速率。如果将线性波速度势表达式代入，并且忽略波面起伏的影响，公式(6.7)便可转化为

$$E_{\mathrm{W}} = \lambda\left(\frac{a\omega}{T}\right)^2\int_0^T\int_{-d}^0 \frac{\mathrm{ch}\, k(z+h)}{\mathrm{sh}\, kh}\cos(kx-\omega t)\mathrm{d}y\mathrm{d}t \tag{6.8}$$

式中 a 为线性入射波的波幅，k 为波数，波浪圆频率为 ω。根据公式(6.8)，可以得到线性波的平均能量流动速率

$$E_{\mathrm{W}} = E_0 c_{\mathrm{g}} \tag{6.9}$$

式中 $E_0 = \frac{1}{2}\rho g a^2$，物理含义为线性波的波能，$c_{\mathrm{g}} = \frac{c}{2}(1+\frac{2kh}{\mathrm{sh}\, 2kh})$ 为群速度。系统的效率 R 定义为波能转换装置在单位时间内吸收波能的速率与入射波的能量流动速率的比值，表达式为

$$R = \frac{E_{\mathrm{P}}}{E_{\mathrm{W}}} \tag{6.10}$$

6.2 波能吸收效率的时域求解方法

本章的物理模型、坐标系定义、控制方程与边界条件参考第 4 章，相关物理量的定义与第 5 章相同，不再赘述。特征尺度的选择也与第 5 章相同，分别为从旋转中心到平均自由表面的垂向距离 h，重力加速度 g 和水密度 ρ。因此，长度，时间 t 和压力 p 的无因次尺度分别为 h，$\sqrt{h/g}$ 和 ρgh，其他物理量的无因次尺度由以上几个特征尺度的无因次组合实现。

6.2.1　耦合运动方程的建立

根据伯努利方程,物体表面压力的表达式为

$$p = -\left(\varphi_t + \frac{1}{2}|\nabla\varphi|^2 + y - 1\right) \tag{6.11}$$

物体受到的合外力矩 M 来源于流体力和重力两方面的贡献。将由流体作用引起的物面压力矩沿着物体表面积分得到流体力矩,同时考虑重力的影响,波能板受到的合外力矩为

$$M = -\int_{S_0(t)}\left(\varphi_t + \frac{1}{2}|\nabla\varphi|^2 + y - 1\right)\cdot(xn_y - yn_x)\mathrm{d}S + my_c\sin\gamma \tag{6.12}$$

其中 m 为波能板的质量,y_c 为波能板位于 $\gamma=0$ 位置时重力中心的垂向坐标。不难注意到,公式(6.12)中 φ_t 的结果并不能通过边界元法直接得到。本章将按照第2章介绍的辅助函数法来求解 φ_t,将 φ_t 处理成在流体域内满足拉普拉斯方程的一个未知的函数。对于旋转运动,φ_t 在物体表面的法向导数可以写为

$$\frac{\partial\varphi_t}{\partial n} = \dot{\Omega}\cdot(xn_y - yn_x) - \Omega\cdot\frac{\partial}{\partial n}(x\varphi_y - y\varphi_x) \tag{6.13}$$

与第2章介绍的强迫运动不同,可以注意到公式(6.13)中的加速度 $\dot{\Omega}$ 是未知的,未知的 $\dot{\Omega}$ 决定着公式(6.11)中的压力 p 和公式(6.12)中的合外力矩 M,而合外力矩 M 又决定着运动公式(6.1)中的加速度 $\dot{\Omega}$。为了分离加速度 $\dot{\Omega}$ 与合外力矩 M 之间的相互依赖与耦合作用,需要对运动方程进行解耦。本书采用辅助函数处理方法,将 φ_t 分解为两项,定义两个与加速度无关的辅助函数 χ_1 和 χ_2,其表达式可以写为

$$\varphi_t = \dot{\Omega}\cdot\chi_1 + \chi_2 \tag{6.14}$$

与 φ_t 类似,在流体域内两个辅助函数 χ_1 和 χ_2 都满足拉普拉斯方程。参考公式(6.13),χ_1 和 χ_2 的物面边界条件可以写为

$$\frac{\partial\chi_1}{\partial n} = xn_y - yn_x,\ \frac{\partial\chi_2}{\partial n} = -\Omega\cdot\frac{\partial}{\partial n}(x\varphi_y - y\varphi_x) \tag{6.15}$$

公式(6.15)可以保证公式(6.13)是成立的。公式(6.15)中第二个公式右端存在二阶导数,由于本章采用镜像格林函数方法求解,而镜像格林函数成立的前提条件是需要保证辅助函数在海底的法向导数为0,为此,本章采用方向转

化法对公式(6.15)中第二部分进行求解

$$\frac{\partial \varphi_y}{\partial n}=\frac{\partial \varphi_x}{\partial l},\frac{\partial \varphi_x}{\partial n}=-\frac{\partial \varphi_y}{\partial l} \tag{6.16}$$

将公式(6.16)代入到公式(6.15),可以得到辅助函数χ_1和χ_2物面边界条件的另一种表达形式

$$\frac{\partial \chi_1}{\partial n}=xn_y-yn_x,\frac{\partial \chi_2}{\partial n}=-\Omega\cdot\left(n_x\varphi_y+x\frac{\partial \varphi_x}{\partial l}-n_y\varphi_x+y\frac{\partial \varphi_y}{\partial l}\right) \tag{6.17}$$

表达式(6.17)中虽然也存在二阶导数,但是为切线方向,在数值上比较容易实现。在海底,两个辅助函数满足的边界条件分别为

$$\frac{\partial \chi_1}{\partial n}=0,\frac{\partial \chi_2}{\partial n}=0 \tag{6.18}$$

根据伯努力方程和自由表面的零压条件,两个辅助函数的自由表面边界条件可以分别表达为

$$\chi_1=0,\chi_2=-\frac{1}{2}\nabla\varphi\cdot\nabla\varphi-\eta \tag{6.19}$$

在距离波能板足够远的远方边界设置数值阻尼区域,由于阻尼区域存在消波功能,由物体运动引起的扰动势将无法传递到边界上,并且边界的反射波也不会穿越阻尼区域对物体运动造成干扰。因此在远方边界,φ_t将趋于入射波速度势的时间导数$\varphi_{\mathrm{I}t}$。在截断边界,辅助函数χ_1和χ_2分别满足的边界条件为

$$\frac{\partial \chi_1}{\partial n}=0,\frac{\partial \chi_2}{\partial n}=\frac{\partial \varphi_{\mathrm{I}t}}{\partial n} \tag{6.20}$$

至此,本章给出了两个与加速度项无关的辅助函数χ_1和χ_2的全部边界条件。当求解完χ_1和χ_2以后,将公式(6.14)代入到公式(6.12),可以得到

$$M=-\int_{S_0(t)}\left(\dot{\Omega}\chi_1+\chi_2+\frac{1}{2}\nabla\varphi\cdot\nabla\varphi+y-1\right)\cdot(xn_y-yn_x)\mathrm{d}S+my_c\sin\gamma \tag{6.21}$$

公式(6.21)中只有加速度$\dot{\Omega}$是未知的,本章将结合牛顿运动公式对加速度进行求解。如果定义

$$a=\int_{S_0(t)}\chi_1\cdot(xn_y-yn_x)\mathrm{d}S \tag{6.22}$$

a实际上等价于附加转动惯量,和

$$M'=-\int_{S_0(t)}\left(\chi_2+\frac{1}{2}\nabla\varphi\cdot\nabla\varphi+y-1\right)\cdot(xn_y-yn_x)\mathrm{d}S+my_c\sin\gamma \tag{6.23}$$

则牛顿运动公式(6.1)可以转化为

$$(I+a_{\text{pto}}+a)\cdot\dot{\Omega}+b_{\text{pto}}\Omega+c_{\text{pto}}\gamma=M' \tag{6.24}$$

在初始时刻 $t=0$,自由表面的波面起伏 η 和速度势 φ 可根据选择的入射波来确定,结合初始时刻位移 γ 和角速度 Ω 的初始值,通过牛顿运动方程(6.24),可以求解出波能板在初始时刻的加速度 $\dot{\Omega}$。在下一时刻,速度 Ω 和位移 γ 都可以通过龙格－库塔法进行更新。与此同时,采用第4章公式(6.4)和(6.5)更新自由面的速度势和波面起伏,自由面的时间积分方法仍然选择龙格－库塔法,参考2.2.5节。全部更新结束以后,数值计算将会移入下一时间步,这个过程持续至要求的时间步为止。

6.2.2　耦合运动的时间步进更新

第2章已经给出了对自由面进行时间积分的四阶龙格－库塔法,本章仍然采用四阶龙格－库塔法对波能板的运动进行时间步进更新。6.2.1节给出了波能板在波浪中运动的加速度 $\dot{\Omega}$ 的求解方法。当得到加速度 $\dot{\Omega}$ 以后,需要选取合适的方法来求解下一时刻的物体运动速度 Ω 和物体新位置 γ。为了完成这个过程,首先将公式(6.24)进行改写

$$y''=h(y',y,t) \tag{6.25}$$

与自由面的时间积分不同,公式(6.25)中存在二阶导数,因此四阶龙格－库塔法的应用方法也略有不同。物体位移和旋转速度的表达式分别为

$$y(t+\Delta t)=y(t)+\Delta t\cdot y'(t)+\Delta t\cdot(M_1+M_2+M_3)/6 \tag{6.26}$$

$$y'(t+\Delta t)=y'(t)+(M_1+2M_2+2M_3+M_4)/6 \tag{6.27}$$

式中 M_1,M_2,M_3,M_4 分别为

$$M_1=\Delta t\cdot h(t,y(t),y'(t)) \tag{6.28}$$

$$M_2=\Delta t\cdot h\left(t+\frac{\Delta t}{2},y(t)+\frac{\Delta t\cdot y'(t)}{2},y'(t)+\frac{M_1}{2}\right) \tag{6.29}$$

$$M_3=\Delta t\cdot h\left(t+\frac{\Delta t}{2},y(t)+\frac{\Delta t\cdot y'(t)}{2}+\frac{\Delta t\cdot M_1}{4},y'(t)+\frac{M_2}{2}\right) \tag{6.30}$$

$$M_4=\Delta t\cdot h\left(t+\Delta t,y(t)+\Delta t\cdot y'(t)+\frac{\Delta t\cdot M_2}{2},y'(t)+M_3\right) \tag{6.31}$$

对于流固耦合问题需要进行迭代求解,采用四阶龙格－库塔法求解运动方

程时，在每一时刻需要4次计算。在时刻 t，根据物体的位移和速度，求解一次流场方程，得到 t 时刻的加速度，也就是函数 h，根据 h 求解出 M_1。在 $t+\Delta t/2$ 时刻，利用上一步求解的 M_1 可以得到当前时刻的物体位移和速度，再次求解流场方程，M_2 便可得到求解。M_3 的结果也是在 $t+\Delta t/2$ 时刻求解，只是选取的位移和速度要同时考虑 M_1 和 M_2 的影响。在 $t+\Delta t$ 时刻求解 M_4，方法与前面相同。求解完一个时间步所需要的全部 M_i 以后，可以根据式(6.26)和(6.27)求出下一时刻的物体位移和旋转速度。周而复始直到计算时间结束。

6.3 波能吸收效率的频域求解方法

6.3.1 基于线性频域理论求解流体力矩

当波浪幅值和物体运动幅值都很小时，波能板在波浪中的运动问题可以简化成一个线性问题。根据线性势流理论，其周围流场的速度势可以分解为入射势 φ_I，绕射势 φ_D 和辐射势 φ_R。入射势 φ_I 作为系统的初始输入条件，为已知的。线性入射波公式可以表达为

$$\varphi_I = Re(A\varphi_i e^{-i\omega t}) \tag{6.32}$$

式中 A 为线性入射波的波幅，$\varphi_i = -\dfrac{i}{\omega}\dfrac{\cosh[k(\eta_I + d)]}{\cosh(kd)}e^{ikx}$。绕射势的含义为波浪绕过物体所引起的流场速度势，表示为 φ_D。

$$\varphi_D = Re(A\varphi_d e^{-i\omega t}) \tag{6.33}$$

φ_d 为单位幅值绕射势，其满足的边界条件为

$$\begin{cases} \nabla^2\varphi_d = 0, & \text{流体域} \\ \dfrac{\partial\varphi_d}{\partial y} = 0, & \text{流场底部} \\ \left(\dfrac{\partial}{\partial y} - \dfrac{\omega^2}{g}\right)\varphi_d = 0, & \text{自由面} \\ \dfrac{\partial\varphi_d}{\partial n} = -\dfrac{\partial\varphi_i}{\partial n}, & \text{物面} \\ \nabla\varphi_d = 0, & \text{远方边界} \end{cases} \tag{6.34}$$

辐射势的含义为由于物体运动所引起的流场速度势，表示为 φ_R。

$$\varphi_{\mathrm{R}} = Re(-\mathrm{i}\omega\theta_1\varphi_{\mathrm{r}}\mathrm{e}^{-\mathrm{i}\omega t}) \tag{6.35}$$

φ_{r} 为单位速度辐射势，其含义为物体进行单位复速度运动的流场速度势，其满足的边界条件为

$$\begin{cases} \nabla^2\varphi_{\mathrm{r}} = 0, & \text{流体域} \\ \dfrac{\partial\varphi_{\mathrm{r}}}{\partial y} = 0, & \text{流场底部} \\ \left(\dfrac{\partial}{\partial y} - \dfrac{\omega^2}{g}\right)\varphi_{\mathrm{r}} = 0, & \text{自由面} \\ \dfrac{\partial\varphi_{\mathrm{r}}}{\partial n} = xn_y - yn_x, & \text{物面} \\ \nabla\varphi_{\mathrm{r}} = 0, & \text{远方边界} \end{cases} \tag{6.36}$$

采用源汇分布法（势流理论），可以得到单位幅值绕射势 φ_{d} 和单位速度辐射势 φ_{r} 的数值解。一旦单位速度势 φ_{d} 和 φ_{r} 得到求解，绕射势 φ_{D} 和辐射势 φ_{R} 便可得到求解。通过公式

$$p_s = -\frac{\partial\varphi_s}{\partial t}, \quad s = \mathrm{I},\mathrm{D},\mathrm{R} \tag{6.37}$$

分别求出 $\varphi_{\mathrm{I}},\varphi_{\mathrm{D}},\varphi_{\mathrm{R}}$ 对压力的贡献。它们对应的水动力矩可以分别表达为

$$M_s = -\int_{\bar{S}(t)} p_s(xn_y - yn_x)\,\mathrm{d}S \tag{6.38}$$

式中，$\bar{S}(t)$ 为平均湿表面，入射力矩 M_{i}，绕射力矩 M_{d} 与辐射力矩 M_{r} 此时可以全部求出，浮力力矩 M_{b} 和波能板的重力力矩 M_{g} 与物体本身的形状和质量有关，它们合在一起组成了恢复力矩，为已知项。此时，公式（6.1）中等式右端的水动力矩 M 的全部分项都得到求解。

$$M = M_{\mathrm{i}} + M_{\mathrm{d}} + M_{\mathrm{r}} + M_{\mathrm{b}} + M_{\mathrm{g}} \tag{6.39}$$

6.3.2　线性频域方法求解运动和效率

为了对运动公式（6.1）进行求解，根据线性频域理论，将公式（6.1）表达成如下形式

$$(I + a_{\mathrm{pto}})\dot{\Omega} + b_{\mathrm{pto}}\Omega + c_{\mathrm{pto}}\gamma = M_{\mathrm{i}} + M_{\mathrm{d}} + M_{\mathrm{r}} + M_{\mathrm{b}} + M_{\mathrm{g}} \tag{6.40}$$

式中波能板的位移 $\gamma = Re(\theta_1\mathrm{e}^{-\mathrm{i}\omega t})$，$\theta_1$ 为线性运动的复数幅值。对位移公式两端同时进行时间求导，得到速度公式 $\Omega = Re(-\mathrm{i}\omega\theta_1\mathrm{e}^{-\mathrm{i}\omega t})$，再次求时间导数

得到加速度公式 $\dot{\Omega}=Re(-\omega^2\theta_1 e^{-i\omega t})$。入射力距与绕射力距的合力距为波浪激振力距,保留在等式右端,并且以 $Re(M'')$ 表示

$$Re(M'') = M_i + M_d = Re(iA\omega\int_{S_0}(\varphi_d + \varphi_i)\cdot(xn_y - yn_x)dS\cdot e^{-i\omega t}) \tag{6.41}$$

将恢复力距移到等式左端

$$-c_z\gamma = -(m_b y_b - m y_c)\gamma \tag{6.42}$$

其中 m_b 为波能板处于垂向位置时排开水的质量,y_b 为波能板处于垂向位置时浮心的垂向坐标。为了线性化方便,公式(6.42)应用了一个近似,$\sin\gamma\approx\gamma$。c_z 是来源于水静力和波能板重力之间差别的恢复力系数。将辐射力距移到等式左端,并将辐射惯性力和阻尼力进行分离

$$a_z\dot{\Omega} - b_z\Omega = Re((i\omega)^2\theta_1\int_{S_0}\varphi_r(xn_y - yn_x)dS\cdot e^{-i\omega t}) \tag{6.43}$$

对公式(6.40)进行求解,可以得到

$$|\theta_1| = \frac{|M''|}{\sqrt{[(I+a_{pto}+a_z)\cdot\omega^2-(c_{pto}+c_z)]^2+\omega^2(b_{pto}+b_z)^2}} \tag{6.44}$$

a_z 和 b_z 分别为线性附加转动惯量和辐射阻尼系数,且它们都是频率 ω 的函数。根据公式(6.44),公式(6.4)中能量吸收速率 E_P 的表达式可以转化为

$$E_P = \frac{1}{2}\frac{b_{pto}|M''|^2}{[(I+a_{pto}+a_z)\omega-(c_{pto}+c_z)/\omega]^2+(b_{pto}+b_z)^2} \tag{6.45}$$

6.3.3 附加质量和阻尼系数的求解

为了求解附加质量 a_z 和辐射阻尼系数 b_z,强迫波能板在静水中进行小幅摇摆运动。运动幅值必须足够小,保证波能板的运动是线性的。线性运动的表达式为

$$\gamma = \gamma_0\sin\omega t \tag{6.46}$$

式中 ω 为强迫运动的频率,γ_0 为强迫运动幅值,求解物体在每一时刻的辐射力距,当辐射力矩的数值结果达到稳定的周期性结果以后,将辐射力矩 $M_r(t)$ 的时历结果进行正弦曲线拟合

$$M_r(t) = a\sin(\omega t+\varepsilon) = a\sin(\omega t)\cos\varepsilon + a\cos(\omega t)\sin\varepsilon \tag{6.47}$$

式中 ε 是辐射力矩 $M_r(t)$ 的相位,a 为辐射力距的幅值。将 $M_r(t)$ 分解为与附加

质量和阻尼系数相关的表达形式

$$M_{\mathrm{r}}(t)=a_z\dot{\Omega}+b_z\Omega=-a_z\gamma_0\omega^2\sin(\omega t)+b_z\gamma_0\omega\cos(\omega t) \tag{6.48}$$

结合公式(6.47)和(6.48)，附加质量 a_z 和阻尼系数 b_z 的表达式为

$$a_z=-\frac{a\cos\varepsilon}{\gamma_0\omega^2},b_z=\frac{a\sin\varepsilon}{\gamma_0\omega} \tag{6.49}$$

6.3.4 Haskind 变换关系

对于一个具有对称剖面的物体，在线性理论范围内，物体所受到的波浪激振力矩(包括入射力矩和绕射力矩)与辐射阻尼系数之间满足 Haskind 关系，其表达式为

$$|M''|^2=2A^2C_gb_z \tag{6.50}$$

其中 C_{g} 是群速度。公式(6.45)中能量吸收速率转化为

$$E_{\mathrm{P}}=\frac{b_{\mathrm{pto}}b_zA^2C_{\mathrm{g}}}{[(I+a_{\mathrm{pto}}+a_z)\omega-(c_{\mathrm{pto}}+c_z)/\omega]^2+(b_{\mathrm{pto}}+b_z)^2} \tag{6.51}$$

对于线性入射波，对公式(6.9)进行无因次化，可以得到无因次的线性入射波平均能量流动速率的表达式

$$E_{\mathrm{W}}=\frac{1}{2}A^2C_{\mathrm{g}} \tag{6.52}$$

进一步地，公式(6.10)中的效率公式可以转化为

$$R=\frac{2b_{\mathrm{pto}}b_z}{[(I+a_{\mathrm{pto}}+a_z)\omega-(c_{\mathrm{pto}}+c_z)/\omega]^2+(b_{\mathrm{pto}}+b_z)^2} \tag{6.53}$$

6.3.5 线性最优效率理论分析

固有频率 ω_n 的定义为使惯性力和恢复力相互抵消时物体的自然频率，其表达式为

$$\omega_n=\sqrt{\frac{c_{\mathrm{pto}}+c_z}{I+a_{\mathrm{pto}}+a_z}} \tag{6.54}$$

根据平均能量吸收速率 E_{P} 的表达式(6.51)得出，在一个给定频率为 ω 的入射波激励下，波能板吸收能量的平均速率 E_{P} 可以通过调节能量输出系统的机械阻尼系数 b_{pto}来优化。因此对公式(6.51)求关于 b_{pto}的偏导数，并且使之满

足 E_P 位于峰值的条件$\frac{\partial E_P}{\partial b_{pto}}=0$,得到最优阻尼系数 b_{opt} 的表达式

$$b_{pto}=b_{opt}=\sqrt{\frac{((I+a_{pto}+a_z)\omega^2-(c_{pto}+c_z))^2}{\omega^2}+b_z^2} \tag{6.55}$$

将此公式代入到公式(6.45),则可以得到

$$E_P=\frac{1}{4}\cdot\frac{b_{opt}|M''|^2}{b_{opt}^2+b_z^2} \tag{6.56}$$

公式(6.56)的物理意义为在一个给定的入射波激励下,对于一个给定的设备,如果按照公式(6.55)来选择最优机械阻尼系数,E_P 将会达到给定入射波频率下的最大值。观察公式(6.55),可以发现一定有 $b_{opt}\geqslant b_z$。当满足共振条件 $\omega_n=\omega$ 时,最优机械阻尼系数和辐射阻尼系数相同,即 $b_{opt}=b_z$。此时,公式(6.56)也达到了所有情况下的最大值。将共振条件和 Haskind 关系同时代入到公式(6.56),则有

$$E_P=\frac{1}{4}A^2C_g \tag{6.57}$$

这与 Mei[90] 结果一致。将公式(6.52)和(6.57)代入到公式(6.10),容易得到最大效率 R 为 50%。由此可以得出这样一个结论,在线性理论范围内,对于对称剖面的波能转换装置在波浪中进行一个自由度的运动,波能转换装置的最大效率只能达到 50%。

6.4 本章小结

本章首先给出了摆板式波能转换装置效率的定义以及计算规则,然后分别从非线性时域和线性频域两个思路出发进行具体计算。时域方法采用边界元法,即在每个时间步基于势流理论求解流体域内的拉普拉斯方程,得到边界上的速度势和速度势的法向导数,然后通过辅助函数方法求解物面上的压力。求解压力时需要考虑对波能转换装置的运动方程和水动力计算公式进行解耦,建立完全非线性数学模型,然后采用四阶龙格－库塔法对物体运动和自由液面进行更新。频域方法的核心思路是对全部速度势进行分解,基于线性频域理论将时间项分离出去,将牛顿运动公式转化为不含时间项的线性运动公式,从而求得物体的运动幅值。这是一种直接求解物体稳态运动结果的一种数值方法。

在求解过程中,需要计算物体受到的波浪激振力。对于对称剖面的物体,通过 Haskind 变换关系,可以得到辐射阻尼系数和波浪激振力的关系。通过此关系,可以知道对称剖面物体在线性理论范围内的最大效率为50%。

第7章　摆板式波能转换装置效率的数值分析

本章以两个实际典型的近海摆板式波能转换装置为例，分别为 Oyster 和 Waveroller，分析摆板式波能转换装置的效率，研究其俘获最大波能的规律，以及在恶劣海况下非线性效应的影响。通过相应的数值模拟，在一个给定入射波条件下，研究调整波能转换装置的机械参数以达到最高效率的方法，并在此过程中研究波高变化对效率的非线性影响。其次，给定波能转换装置，进行在不同频率和波高的入射波作用下的数值模拟，研究其效率和性能，并分析了水深对波能转换装置效率的影响。

7.1　摆板式波能转换装置的研究现状

在对波能转换装置的研究中，早期关于这个课题的研究方法大都为线性频域方法。Evans[11] 于 1976 年对一个二维柱体进行研究，给出了当物体以一到两个基础运动方式进行运动时波能效率的一般表达式。结果表明，调和两种运动方式（横荡和垂荡）以及调整入射波的相位可以保证反射波和透射波完全被辐射波抵消，此时，二维柱体的效率可以达到 100%。同时，他也得到了另外一个非常有价值的结论，改变波能转换装置主体的外形也可以实现提高效率的目的。例如，使转换装置主体背浪面的辐射波波幅尽量小。这与 Salter[6] 在设计点头鸭时采用的思路一致，点头鸭的柱体剖面是由一个拥有巨大半径的圆型艉部和点状艏部组成，此柱体的效率可以达到 80% 以上。由于柱体艉部为圆形，使得柱体背部的辐射波波幅非常小。根据 Salter[6] 的推导，可以证明，背部的透射波也会随着辐射波的变小而降低，换言之，入射波中透过波能转换装置的波能非常小，所以大部分入射波会被波能转换装置反射或者吸收。此时，只要使反射波和辐射波相互抵消，就可以实现波能的完全吸收。实际上，柱体外形以及运动形式的选择只是与波能转换装置可以达到的最大效率相关。在波能转换装置与波浪的相互作用过程中，效率可能会被一些无法避免的因素干扰，例如能量输出系统的外部反作用力，锚泊系统或铰接系统的反作用力，波能转换装置的自然频率以及实际海况。当然，在设计一个波能转换装置时，首先需要考虑到海况的不变和多变特性。所谓不变，就是在一个特定海区，海况有其规律性和周期性。多变是指不同海域之间波浪分布的不一致，以及在相同海域，海浪随时间或者季节的变化。这就要求设计者要分别考虑在给定单一海况条件下以及给定多种海况下波能转换装置的性能。海况给定以后，提高机械系统效率的方法有很多，例如，合理的调整能量输出系统的参数，锚泊装置的连接方式，结构的固有频率等等。一般地，可以通过“阻尼匹配”来优化系统的效率[91]。具体地说，首先调整波能转换装置的固有频率，使其在设计波频率下发生共振。同时，使波能转换装置的辐射阻尼与能量输出系统的机械阻尼相匹配。很多学者在对波能转换装置的效率进行频域分析时，都认同这一观点，包括 Eriksson, Isberg & Leijon[92], Evans & Porter[93] 和 Crowley, Porter & Evans[94]。为了使波能转换装置拥有一个更加优良的性能，根据波能转换装置在共振条件下效率最大的原理，很多作者尝试通过拓宽波能转换装置固有频率范围来提高装置在复杂海况下适应能力的方法。例如，Evans & Porter[93] 研究了耦合共振效应，这种效应是通过在波能转换装置内部插入一个拥有独立质量/弹性/阻尼系统的水槽来实现，因此整个波能转换装置就有两个固有频率，故命名为耦合共振。Crowley, Porter & Evans[94] 通过在中空的柱体内部插入一个复摆式机械系统来拓宽系统的固有频率范围以实现系统的多级共振，该装置通过浮体与内部复摆的相对运动来实现能量获取。

基于速度势理论的线性频域方法在波能转换装置的效率预报中被广泛采用，并且在小波浪中，此方法在转换装置的效率估算方面非常有效。然而，在大波浪中，忽略非线性效应会导致效率和性能预估的大幅偏差。在这样一种情况下，完全非线性边界元法更加适合。本书将对 Oyster 和 Waveroller 波能转换装置的大幅非线性运动进行时域分析。在势流范围内，可以用拉普拉斯方程来描述流场，采用边界元法（BEM）对拉普拉斯方程进行求解。自由表面同时满足完全非线性动力学和运动学边界条件，采用动力学边界条件以更新速度势，运动学边界条件以更新波面起伏。

最近,许多学者从工程,效率,经济等角度对 Oyster 波能转换装置进行了研究,对 Waveroller 的研究相对较少。例如,Folley 等[20]考虑了水深对 Oyster 波能转换装置能量获取的影响。Folley 等[22]和 Whittaker&Folley[21]在他们的文章中对波能转换装置的主要设计参数如板宽、频率、运动限制等进行了详细的研究。许多数值方法已经成功应用到 Oyster 波能转换装置的分析上,例如光滑粒子法[15]和有限体积法[19]。也有一些作者对 Oyster 展开了一些实验研究[19]。这些成果极大的拓展了学术界对 Oyster 工作原理,波能转换机理,和它的一些关键影响因素的理解。这些成果对于 Oyster 波能转换装置的未来发展有着非常重要的意义。

7.2 Oyster 波能转换装置

Oyster 波能转换装置一般安装于 10 m 到 15 m 的近海之中,主要依靠海洋波浪流体质点的水平运动来提取能量,因此被定义为振荡波涌转换装置(OWSC)的一种。该装置吸收波能的主体为底部铰接于海底,顶部穿透自由表面的二维板。在波浪的作用下,波能板前后摆动,波浪能转化为波能板的机械能。利用俘获的机械能将高压液体通过两个液压缸输送到岸边,高压水最后被注入到传统发电装置以产生电能。Oyster[19]的缩尺模型参见图 7.1。

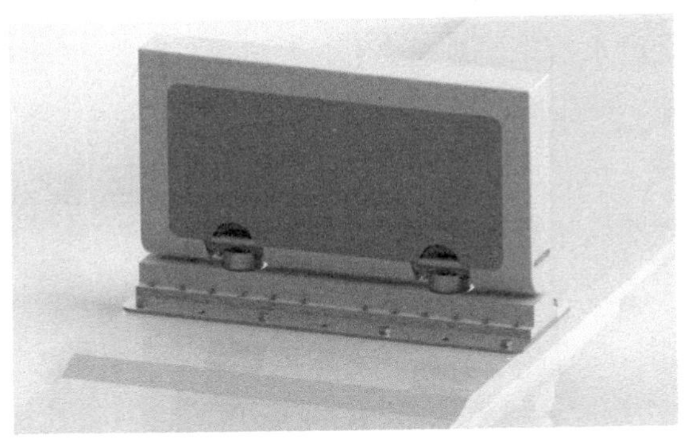

图 7.1 Oyster 缩尺模型[19]

Henry 等[19]人在法国马赛市的 ECM 波浪水槽做了一个二维 Oyster 波能转换装置缩尺模型的砰击实验。水槽的长宽高分别被设置为 16.77 m×0.65 m×1.5 m。在水槽的一端边界设置造波机,在另一端设置消波堤岸,在距造波机

12.2 m 的位置布置 Oyster 缩尺模型。纵向侧壁和水槽底部的材质均为透明的玻璃，金属框架结构支撑，这样有利于观察波浪和波能板在水槽中的整个运动过程。

Oyster 缩尺模型的缩尺比例为 1:40，形状简化为一个盒子的形状，盒形 Oyster 缩尺模型的宽高厚分别为 646 mm × 310 mm × 87.5 mm。为了简化数值过程，本次计算过程中只考虑无限高度平板，对于二维问题，宽度也是无限长的。模型的主体为一个电脑数值控制(CNC)的浮力板，可以绕着位于两个深沟单行不锈钢轴承上的一个铝制空心轴自由摇摆。轴承安装于高度为 100 mm 铰座上的两个六轴压感原件上。实验中 Oyster 波能板模型的质量 m 为 7.27 kg，质心高度 y_c 为 132.4 mm，绕支座中心的旋转转动惯量 I 为 0.1147 kgm^2。水深 d 为 0.305 m。当波能板竖直向上时，波能板底部支座中心与平均水面的距离 h 为 0.205 m。

Oyster 的数学模型参见第 5 章图 5.1，物理量定义与第 4 章相同。选取水密度 ρ，重力加速度 g 和旋转中心到平均水面的高度 h 为进行无因次化的特征尺度。波能板的高度 h 为 0.205 m，无因次高度为 1.0。相应地，质量 m、质心 y_c、板厚 B、转动惯量 I 和水深 d 的无因次结果分别为 0.153，0.646，0.427，0.063 和 0.149。

7.2.1 实验结果对比与收敛性分析

1. 实验结果对比

为了验证数值过程的准确性，本章首先将 Oyster 在波浪中运动的时历结果与 Henry 等[19]的实验结果进行对比。在 Henry 等人的砰击实验中，忽略了能量输出系统的反作用力对运动的影响，因此本章在这里将能量输出系统的机械参数 a_{pto}，b_{pto} 和 c_{pto} 全部设置为 0。选取的入射波波高和周期与实验一致，分别为 $H = 0.1$ m 和周期 $T = 1.9$ s。图 7.2 给出了通过本书中的边界元法计算得到的角位移和角速度的时历结果，并与 Henry 等人的实验结果进行对比分析。此外，图中也给出了考虑黏性的数值时历模拟结果，通过应用 Fluent 商业软件基于有限体积法来实现，给出此结果是为了验证本书数值结果是否优越。为了与实验结果保持一致，图 7.2 给出的是有因次的数值结果。由图可知，边界元法和有限体积法给出的数值模拟结果与实验结果吻合得都比较好，而通过本书边界元法计算得到的时历结果与实验结果更加接近。这是由于黏流理论虽然描述流场更加准确,但是在使用过程中常常需要采用一些简化算法。势流理论虽然忽略了黏性,但是不需要对基本理论进行简化处理,计算精度较高。因此采用基于势流理论的边界元法对 Oyster 波能转换装置进行运动预报是合理的。此外,波能板在运动过程中,由于波浪比较大,自由表面会形成翻卷射流,形成的翻卷射流一旦下落到主流体域,将会引发二次砰击,本章暂不考虑二次砰击的影响,即翻卷射流一旦形成,将会被截断。

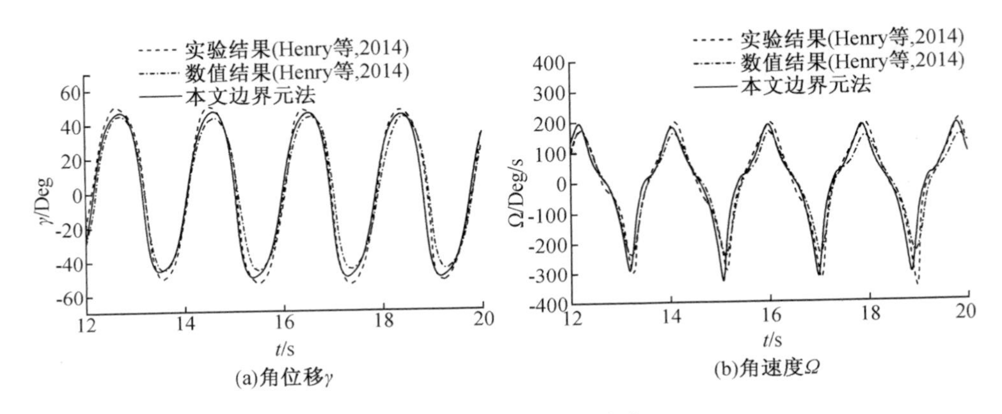

图 7.2 本书数值结果和 Henry 等[19]的结果对比

2. 收敛性分析

设置计算域的截断边界为 $|x|=6\lambda$,其中 λ 为非线性波长。在截断区域两端分别设置一个长度为 λ 的阻尼区域。自由面上采用不均匀的单元分布,最小单元长度 l_m 设置在物面和 $|x|\leqslant 1$ 的自由面,自由面上超过 $|x|=1$ 的位置,单元长度以一个固定比率 δ 逐渐增加,最大单元长度不能超过 $\lambda/25$。设置时间步长 Δt 为 $l_m/(\mu V_{max})$,其中 V_{max} 是每个时间步自由面上节点绝对速度的最大值,μ 为步长控制系数,一般取 5 ~ 10。不仅如此,Δt 的最大值不能超过 $\Delta t_m = T/n$,也就是说,在一个周期内至少设置 n 个时间步。以三种以不同方式布置单元格的角速度时历结果在图 7.3 中给出,而图 7.4 给出了以两种不同方式设置时间步长的角速度时历结果。在本算例中,入射波的频率和波高分别被设置为 $\omega=0.5$ 和 $H=0.05$。能量输出系统的机械系数分别设置为 $a_{pto}=0$, $b_{pto}=0.339$ 和 $c_{pto}=0.91$。由图 7.3 可见,改变最小单元长度并不会对时历结果产生显著影

响,由此可以推出,目前的数值过程是单元独立的。由图7.4可见,两种不同时间步长设置的时历曲线在视觉上完全重合,证明了数值过程的步长独立性。除非有特殊说明,在下面的数值模拟中,最小单元长度 l_m,单元增加比率 δ,步长控制系数 μ 和一个周期最少步长数 n 分别设置为 $l_m = 0.10$, $\delta = 1.01$, $\mu = 5$ 和 $n = 100$。除特殊说明外,图7.3和7.4中关于波能转换装置Oyster的主要参数在后面的数值模拟中继续使用。

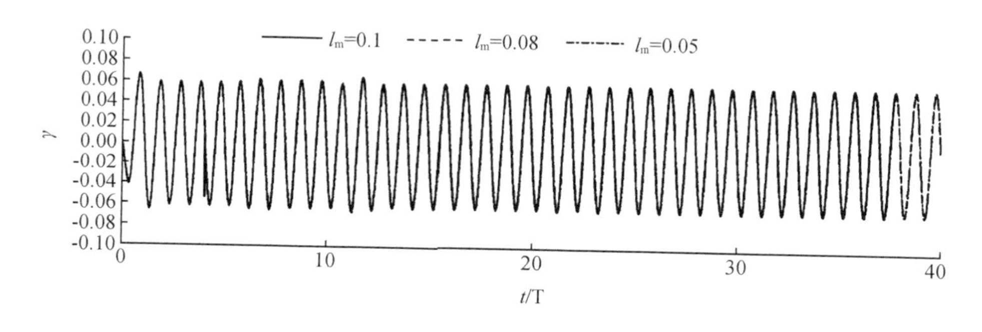

图7.3 单元收敛性分析

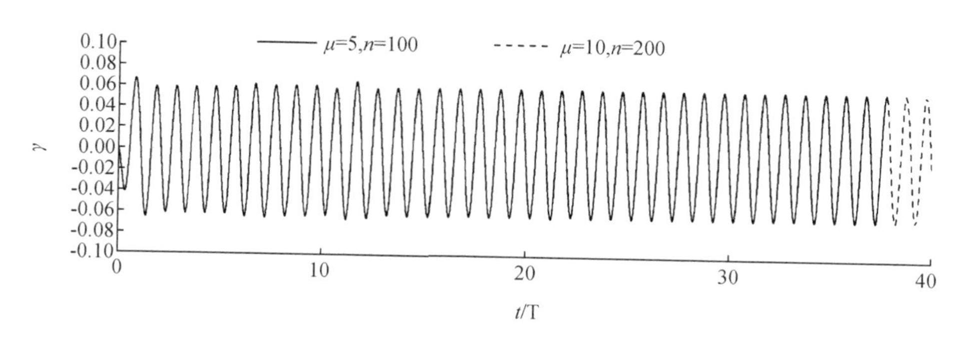

图7.4 步长收敛性分析

7.2.2 Oyster的水动力系数

第6章6.3.3节给出了附加质量和阻尼系数的时域求解方法,按照此算法,图7.5中给出了Oyster波能转换装置的附加质量和阻尼系数随频率的变化曲线。由图可以清晰的看出,附加质量 a_z 基本符合线性变化规律,频率越大,附加质量越小。阻尼系数 b_z 随频率的增大而增加,当频率增加到一定程度时,阻

尼系数 b_z 增加幅度变缓，直到不再变化。

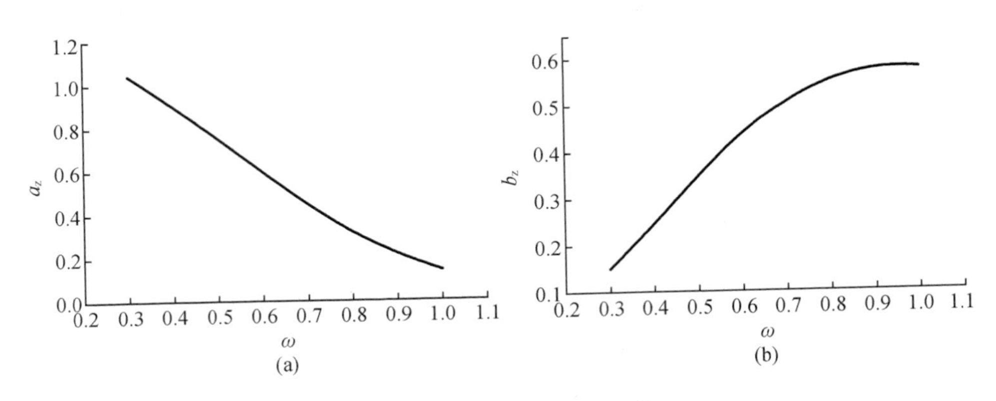

图 7.5　Oyster 的水动力系数

7.2.3　Oyster 的效率分析

1. 能量输出装置的参数设计

本章接下来将要研究在一个给定入射波条件下改变波能输出装置的机械参数 a_{pto}，b_{pto} 和 c_{pto} 对结果造成的影响。选择频率为 0.5 的入射波作为输入条件，在线性理论范围内，依据时域方法计算波能板的水动力系数，得到频率为 0.5 的附加质量 a_z 和辐射阻尼系数 b_z 分别为 0.735 和 0.339。依据上一章公式(6.55)，当波能输出装置的机械阻尼系数 b_{pto} 被设置为最优阻尼系数时，能量吸收速率 E_P 可以达到给定入射波频率 ω 下的峰值。此时，当满足共振条件时，或固有频率 ω_n 与波浪频率 ω 接近时，能量吸收速率 E_P 可以达到最大值。为了研究这一线性特性，波能板被自由释放到波高为 $H=0.05$ 的入射波中。这样的小波高会使非线性对结果不会产生显著影响，有利于研究系统的线性特性。图 7.6 给出了在不同机械阻尼 b_{pto} 的情况下，运动幅值 γ_0 和能量吸收速率 E_P 关于固有频率 ω_n 的变化。公式(6.2)中的波能吸收速率 E_P 是时历结果在视觉上达到周期性以后开始计算的，通过数值测算，时历结果可以在 $t>20T$ 时刻开始达到稳定，选择的稳定后周期数 m 至少为 20。图 7.6 中的 γ_0 和 E_P 为运动时历达到周期性稳定以后 20 个周期的平均值。根据公式(6.54)的固有频率表达式，不难知道，通过调整能量输出系统的系数 a_{pto} 或者 c_{pto}，可以实现固有频率 ω_n 的调整。在本算例中，设置 $a_{pto}=0$，通过调整 c_{pto} 以调整固有频率 ω_n。能量输出

系统的机械阻尼 b_{pto} 被设置为 νb_{opt}，式中 ν 为系数。图 7.6 给出了运动幅值 γ_0 和能量吸收速率 E_P 在不同 b_{pto} 条件下关于固有频率 ω_n 的变化，系数 ν 分别取为 0，0.5，1.0 和 1.5。不难预测，当系数 $\nu=0$ 时，或者机械阻尼 b_{pto} 为 0 时，运动幅值 γ_0 会达到最大值。然而，这一最大的运动幅值并不会使波能板获得任何能量。事实上，由公式(6.2)可知，当 b_{pto} 为 0 时，能量输出速率 $E_P=0$，这就意味着波能板俘获的机械能会被再次返回到入射波中。为了使能量输出系统获取能量，能量吸收速率的系数 ν 必须大于 0。可以看到，当 $\nu=0.5$ 时，由于机械阻尼的增大，运动幅值变小，一部分能量被波能转换装置吸收，以波能板机械能的形式传递给能量输出系统，这样的结果可以从图 7.6(b)中的 E_P 曲线获知。根据公式(6.55)，E_P 会在 $b_{pto}=b_{opt}$ 或 $\nu=1$ 的条件下达到最大值。观察图 7.6(b)中 $\nu=1$ 时的 E_P 曲线，不难发现，它的结果比 $\nu=0.5$ 及 $\nu=1.5$ 的结果都大，尽管运动幅值 γ_0 一直随着 ν 的增加而减小。这就表明，较大(较小)的运动幅值对应着较小(较大)的机械阻尼，能量吸收速率 E_P 在两种情况下都比较小。最大的 E_P 出现在机械阻尼 b_{pto} 达到最优机械阻尼 b_{opt} 时，此时运动幅值不会是最大的，也不会是最小的。另外一个值得研究的线性现象为共振现象。当固定机械阻尼系数 ν 时，γ_0 和 E_P 都可以在共振条件满足或 $\omega_n \approx \omega$ 时达到一个给定机械阻尼下的最大值。综上所述，最大 E_P 发生在 $\omega_n \approx \omega$ 和 $b_{pto}=b_{opt}$ 同时满足的时候，这与第 5 章的讨论一致。

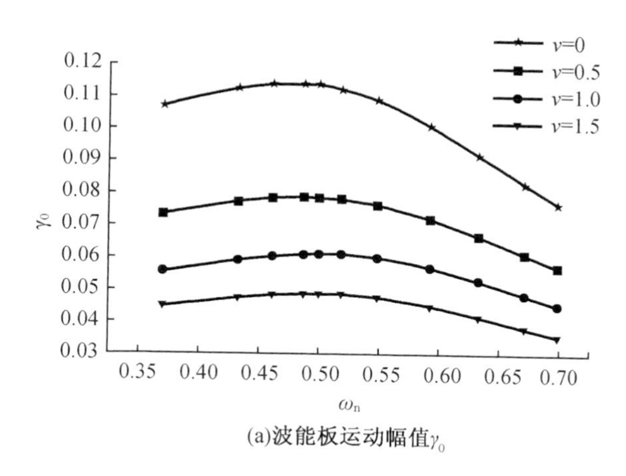

(a)波能板运动幅值 γ_0

图 7.6　不同 b_{pto} 条件下结果关于 ω_n 的变化($H=0.05, a_{pto}=0, \omega=0.5$)

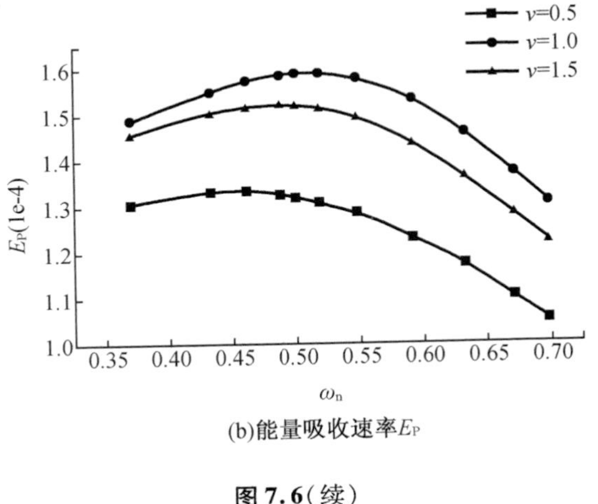

(b)能量吸收速率E_P

图 7.6(续)

下面将要考虑波高 H 的影响。根据线性理论,运动幅值 γ_0 与波高 H 是线性成比例的,能量吸收速率 E_P 与 H^2 是线性成比例的,而效率 R 与波高 H 是相互独立的。不同波高 H 条件下 $\gamma_0/H, E_P/H^2$ 的结果和效率 R 关于固有频率 ω_n 的变化在图 7.7 中给出。在任何波高情况下,运动幅值 γ_0 都可以在共振条件 $\omega_n \approx \omega$ 满足时达到峰值。然而,图 7.7(b)中的能量吸收速率 E_P 及图 7.7(c)中的效率 R 却并非如此。当 H 较小时,例如当 $H=0.05$ 时,非线性时历结果与线性结果非常接近,E_P 和 R 的峰值都出现在共振条件 $\omega_n \approx \omega$ 满足时。当然,由于统计误差以及统计方法上的差异,两条曲线并不会完全重合,但最大差别不超过 3%。峰值对应的固有频率 ω_n 出现在稍微大于波浪频率 0.5 的位置,并且峰值结果与线性结果的差别不超过 1%。当波高 H 增加到 0.2 时,E_P/H^2 和 R 的结果稍有增加,峰值 E_P/H^2 和 R 同样出现在共振条件 $\omega_n \approx \omega$ 满足时。当波高 H 增加到 0.5 时,非线性效应变得更加显著,一些明显的非线性特征也随之出现。当固有频率 ω_n 较小时,波高 $H=0.5$ 的 γ_0/H 和 E_P/H^2 结果比线性结果和小波高结果要小。然而,随着 ω_n 的变化,波高 $H=0.5$ 的 E_P 会增加得更快。因此当固有频率 ω_n 较大时,$H=0.5$ 的 E_P/H^2 结果比 $H=0.05$ 和 0.2 结果更大。峰值出现在 ω_n 远离波浪频率 ω 的位置。这是由于固有频率 ω_n 是基于线性理论估算的,当 H 变大时,真正的固有频率 ω_n 由于非线性的影响而发生明显变化。在给定入射波频率 ω 和波高 H 的情况下,平均波能流动速率 E_W 是一个不变的量。图 7.7(c)的效率曲线 R 和图 7.7(b)中的 E_P 曲线的形状完全一致。然而,

随着 H 的变化,在非线性效应的影响下,波能流动速率 E_W 的数值也会发生变化。因此不同波高 $H=0.05$, 0.2, 0.5 曲线数值的相对大小在图 7.7(b)和图 7.7(c)中表现是不同的。根据上一章的讨论,在线性理论范围内,对称剖面物体进行单自由度运动可以达到的最大效率为 50%。这个结论可以从图 7.7(c)中小波高 $H=0.05$ 的曲线观察到。然而,随着 H 的增大,在非线性的影响下这个规律会被打破,效率在一些情况下会超过这一限制。

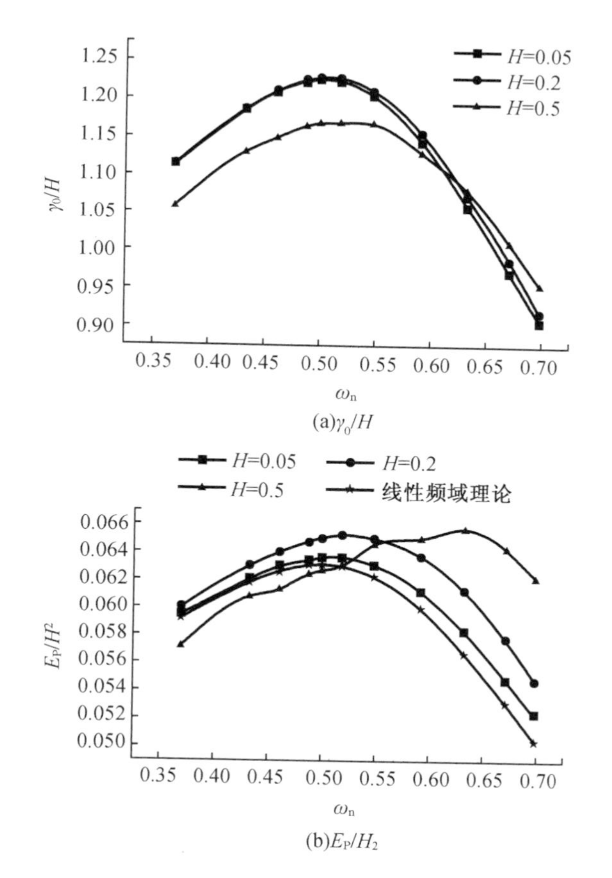

(a)γ_0/H

(b)E_P/H_2

图 7.7 不同波高 H 条件下结果随 ω_n 的变化($a_{pto}=0, b_{pto}=b_{opt}, \omega=0.5$)

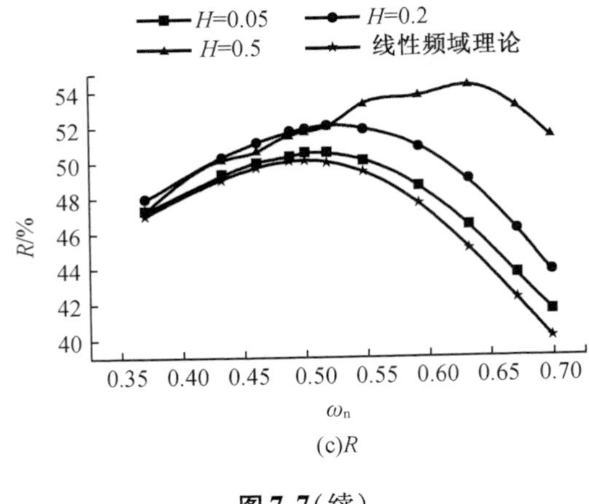

(c)R

图 7.7(续)

2. 不同入射波中波能转换装置的性能

现在考虑固定能量输出系统机械参数的波能板在不同波浪中运动的情形。能量输出装置的机械系数 a_{pto} 和 c_{pto} 均被设置为 0,机械阻尼系数 b_{pto} 被设置为 0.217。目前算例给出的波浪频率完全覆盖了 Henry 等[19]实验中给出的入射波频率。图 7.8 给出了不同波高条件下 γ_0/H,E_P/H^2 和 R 随入射波频率 ω 的变化情况。随着 ω 的增加,γ_0/H 和 E_P/H^2 逐渐降低,而效率 R 首先降低然后逐渐趋于稳定。在波高较小的情况下,例如 $H=0.05$ 和 0.2,从 γ_0/H 和 E_P/H^2 的结果来看非线性效应并不显著,所以数值结果与线性理论结果接近。当 $H=0.5$ 时,非线性效应才变得显著。在波高 $H=0.5$ 的条件下,当 $\omega<0.8$ 时,γ_0/H 和 E_P/H^2 较小,而在整个频率范围内 $H=0.5$ 效率 R 都是最小的。

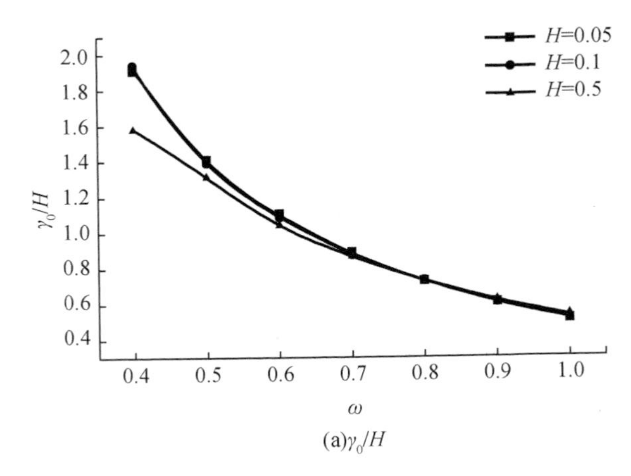

(a)γ_0/H

图 7.8 不同波高 H 条件下结果随 ω 的变化($a_{pto}=0$,$b_{pto}=0.217$,$c_{pto}=0$)

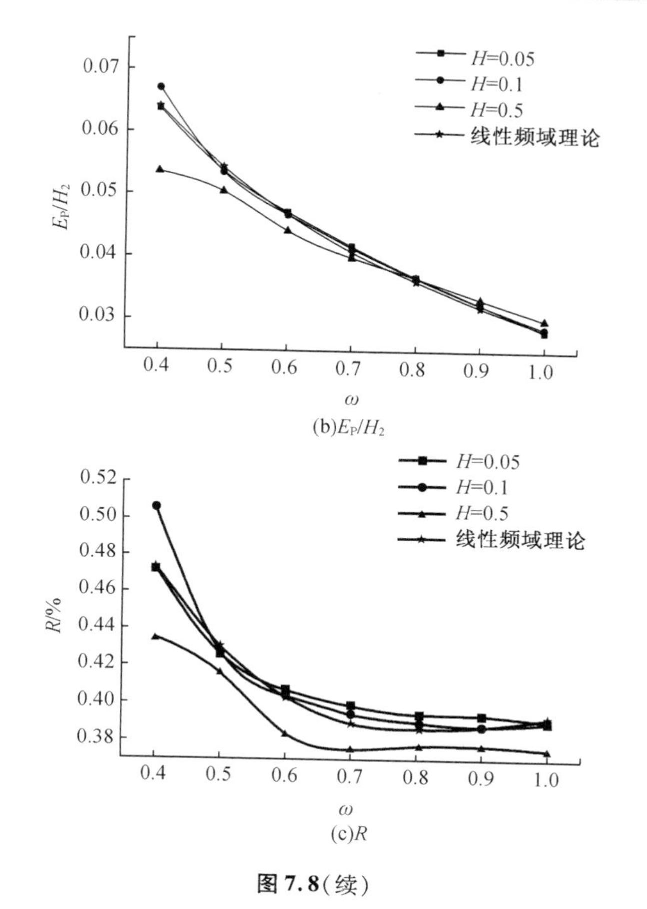

(b)E_P/H_2

(c)R

图 7.8(续)

在上面的算例中,给出的入射波频率比自然频率 ω_n 都大,因此在图 7.8 中结果没有表现出明显峰值。因此接下来将固有频率 ω_n 调整到 0.5,通过设置 $c_{pto}=0.091$ 和 $a_{pto}=0$ 来实现。机械阻尼系数被设置为 $b_{pto}=0.339$,为入射波频率频率为 0.5 时波能板的辐射阻尼系数,也为满足共振条件 $\omega_n=\omega$ 时的最优机械阻尼系数 $b_{opt}=b_z$。图 7.9(a)(b)(c)分别给出了比值 $\gamma_0/H, E_P/H^2$ 和效率 R 随入射波频率 ω 变化的结果。随着 ω 的增加,γ_0/H 的数值逐渐降低,并且当共振条件 $\omega_n=\omega$ 满足时没有出现明显峰值。这是由于公式(6.44)中阻尼项的数值较大,相比之下,惯性项和恢复力项的差值起的作用并不大。因此,即使惯性项和恢复力项的差别是 0,或者 $\omega_n=\omega$,由于阻尼项的存在,γ_0/H 不会发生显著变化。同样,与图 7.7 的结果不同,公式(6.44)中的波浪激振力 $|M''|$ 不会随着固有频率 ω_n 的变化而发生改变,但是会随着波浪频率 ω 的变化而变化。基于这个原因,图 7.9(b)中的 E_P 结果在共振条件满足时也没有出现明显峰值。然而,在图 7.9(c)中,效率 R 在线性理论条件下与波浪激振力 $|M''|$ 无关,因此效

率 R 线性结果的峰值非常明显。由图 7.9(c)可以看出,当波能转换装置在一个给定的入射波中能达到共振时,设备可以达到给定频率下的最大效率。然而,当入射波发生改变时,效率显著降低,对于大波高的情况尤其明显。当设计一个设备时,需要均衡考虑海洋环境有规律的变化情况。

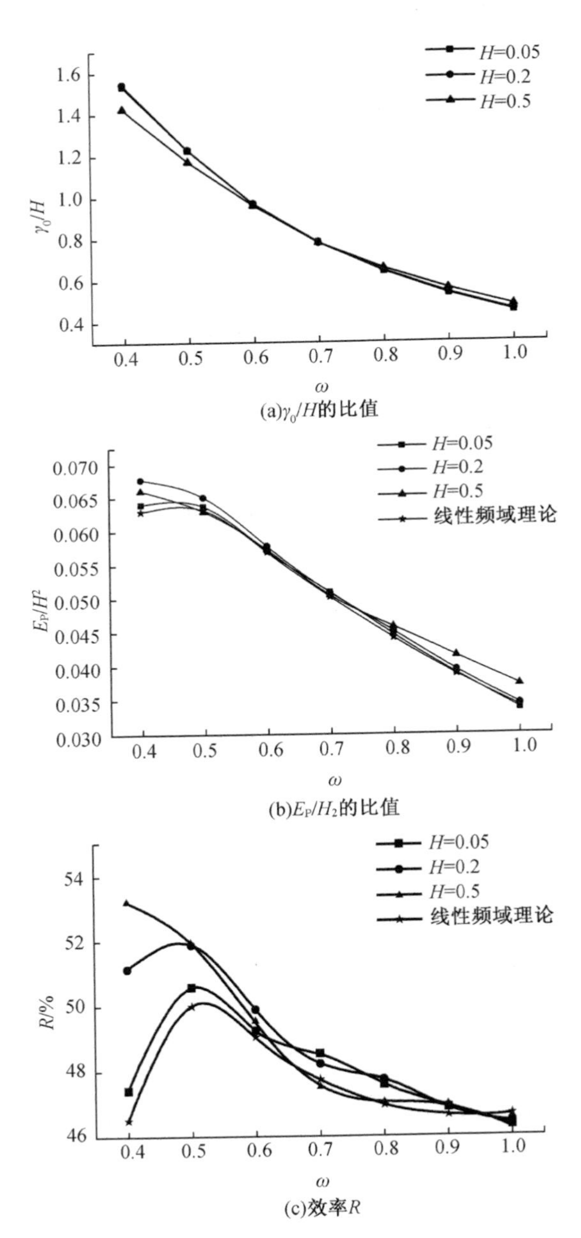

图 7.9　不同波高 H 情况下结果随 ω 的变化($a_{pto}=0, b_{pto}=0.339, c_{pto}=0.091$)

3. 水深的影响

图 7.10 给出了水深对波能板运动幅值 γ_0 和波能吸收效率 R 的影响。选择入射波频率 ω 为 0.5，机械参数分别调整为 $a_{pto}=0$，$b_{pto}=0.339$ 和 $c_{pto}=0.091$。水深 d 变化范围为 1.5～30。由图 7.10 可见，随着水深的增加，波能板的运动幅值 γ_0 和效率 R 快速降低，变化幅度高达 15% 以上。当水深增加到一定深度时，结果将不再变化。实际上这种变化与“滩浅影响”息息相关。水深越浅，波浪的水平运动速度就越大。由于波能板的运动形式为摇摆运动，波浪的水平运动直接决定着波能板受到的旋转力矩的大小。也就是说水平速度越大，波能板受到的旋转力矩也就越大，波能板的运动幅值也随之增大，转化的机械能就越多。这是适用于浅水的震荡波涌转换装置的吸收波能的机理。在浅水中，由于海底摩擦以及波浪破碎的作用，入射波波能随着水深的减小会有些损失，但是由于“滩浅影响”的存在，波能转换装置获取的实际波能不一定少。

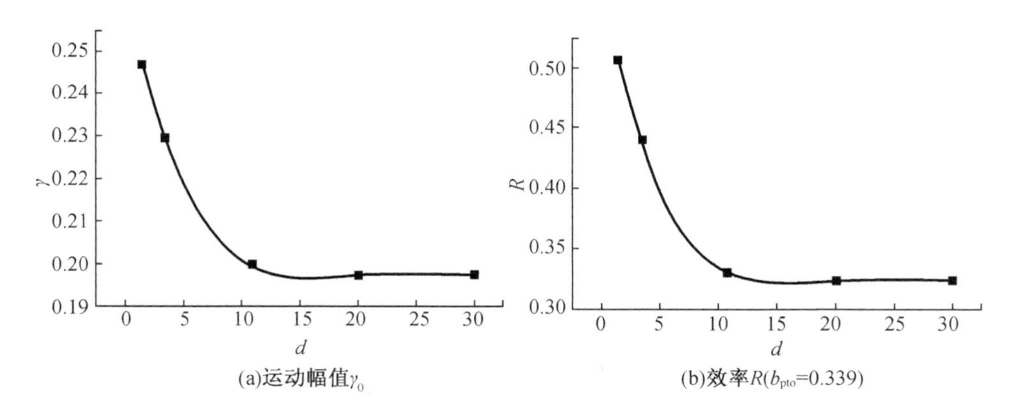

图 7.10　不同水深条件下的运动幅值 γ_0 和效率 $R(b_{pto}=0.339)$

4. 时历结果分析

本小节将对波能板在不同入射波激励作用下的运动时历结果进行分析。分别设置能量输出系统的机械参数为 $a_{pto}=0$，$b_{pto}=0.339$，$c_{pto}=0.091$。在此设置下，波能板的固有频率为 0.5。图 7.11 和图 7.12 分别给出在两种不同入射波激励下的运动时历结果，入射波频率 ω 分别取为 0.5 和 0.8。波高为 0.05，在此波高条件下，波能板的运动时历接近于线性结果。由图可见，波能板的运动在 15 个周期以上的时候就可以达到稳定，达到稳定的时历结果具有明显的周期性，且稳定后一个周期内的时历结果曲线和傅里叶三角级数分解的一阶函数曲线基本吻合，时历结果表现出明显的线性特性。

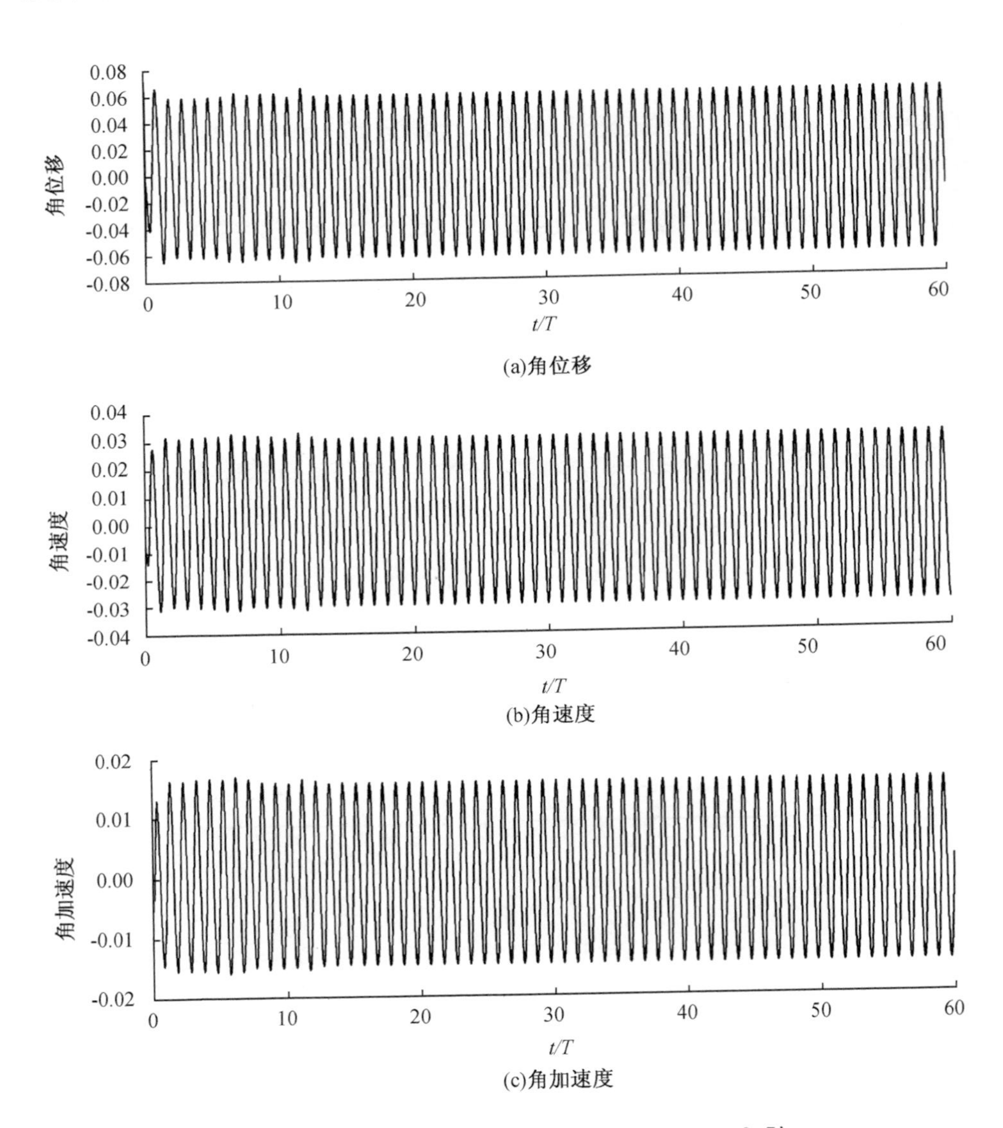

(a)角位移

(b)角速度

(c)角加速度

图 7.11　运动时历结果（$\omega=0.5, H=0.05, \omega_n=0.5$）

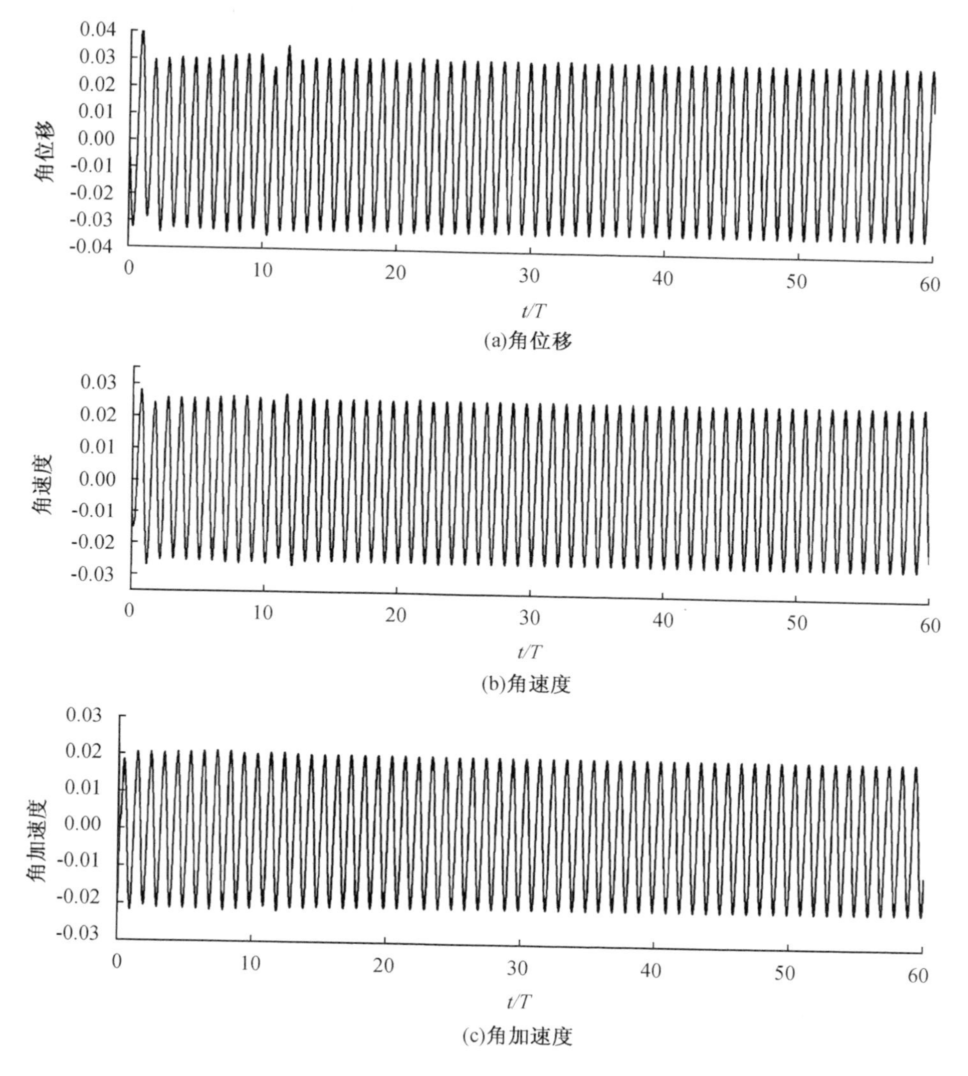

图 7.12　运动时历结果($\omega=0.8, H=0.05, \omega_n=0.5$)

在图 7.13 和图 7.14 中,入射波的波高被提高到 0.2,入射波频率 ω 仍然取为 0.5 和 0.8。运动时历结果在 15 个周期以后基本达到稳定。为了能更清晰的表达稳定后的运动时历,本图只截取 $30\leqslant t/T\leqslant 60$ 的稳定段进行研究。由图可见,在频率为 $\omega=0.8$ 的波浪激励下,运动时历结果比较稳定和线性。但是对于入射波频率为 $\omega=0.5$ 的结果,一些非线性现象开始显现。例如,从图 7.13(c)的加速度时历结果来看,很明显,加速度在数值为正的位置变化的比较陡,在数值为负的位置变化的比较缓和。对比图 7.13(a)和图 7.14(a)可知,入射波频率为 0.5 的运动幅值,大概是频率为 0.8 的运动幅值的 2 倍。这是由于对于相同的波能板,入射波频率越接近固有频率,它的运动幅值也就越大,非线性也就越强。非线性并不完全由波高决定,与物体本身的运动也有关系。

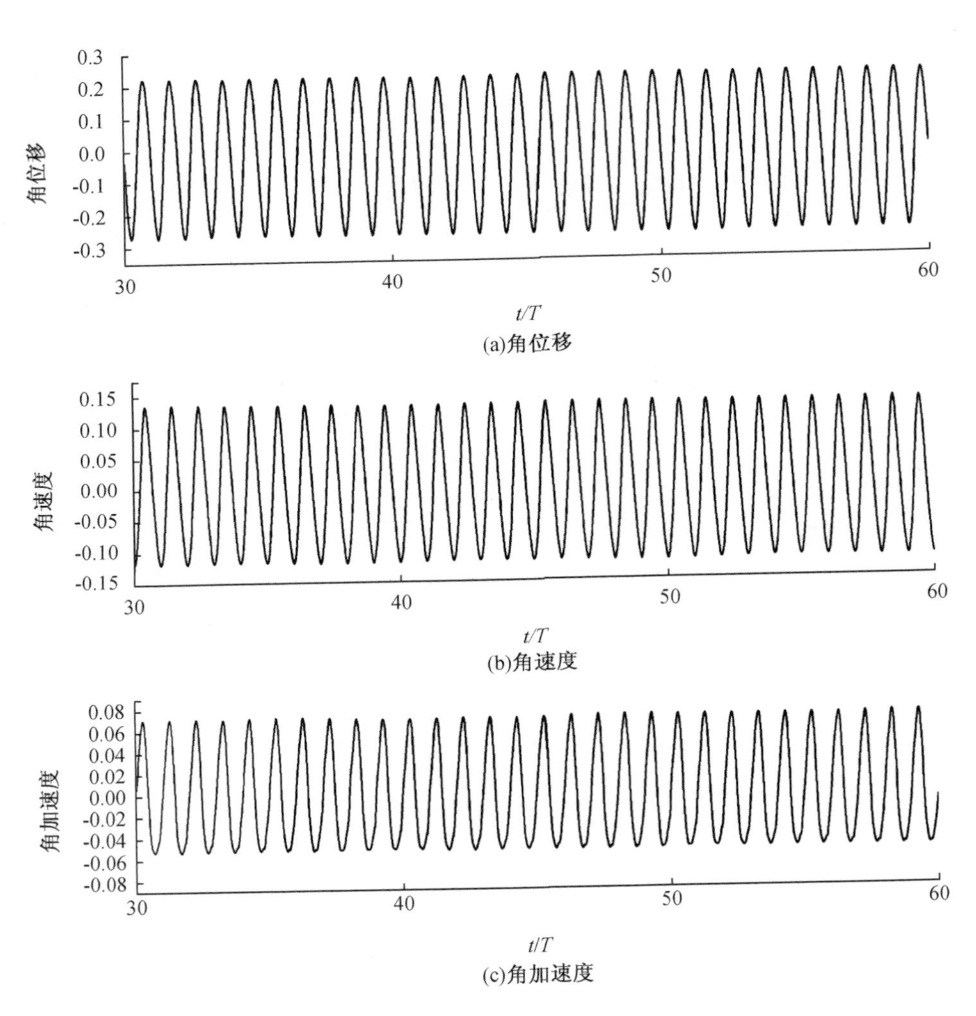

(a)角位移

(b)角速度

(c)角加速度

图 7.13　运动时历结果($\omega=0.5, H=0.2, \omega_n=0.5$)

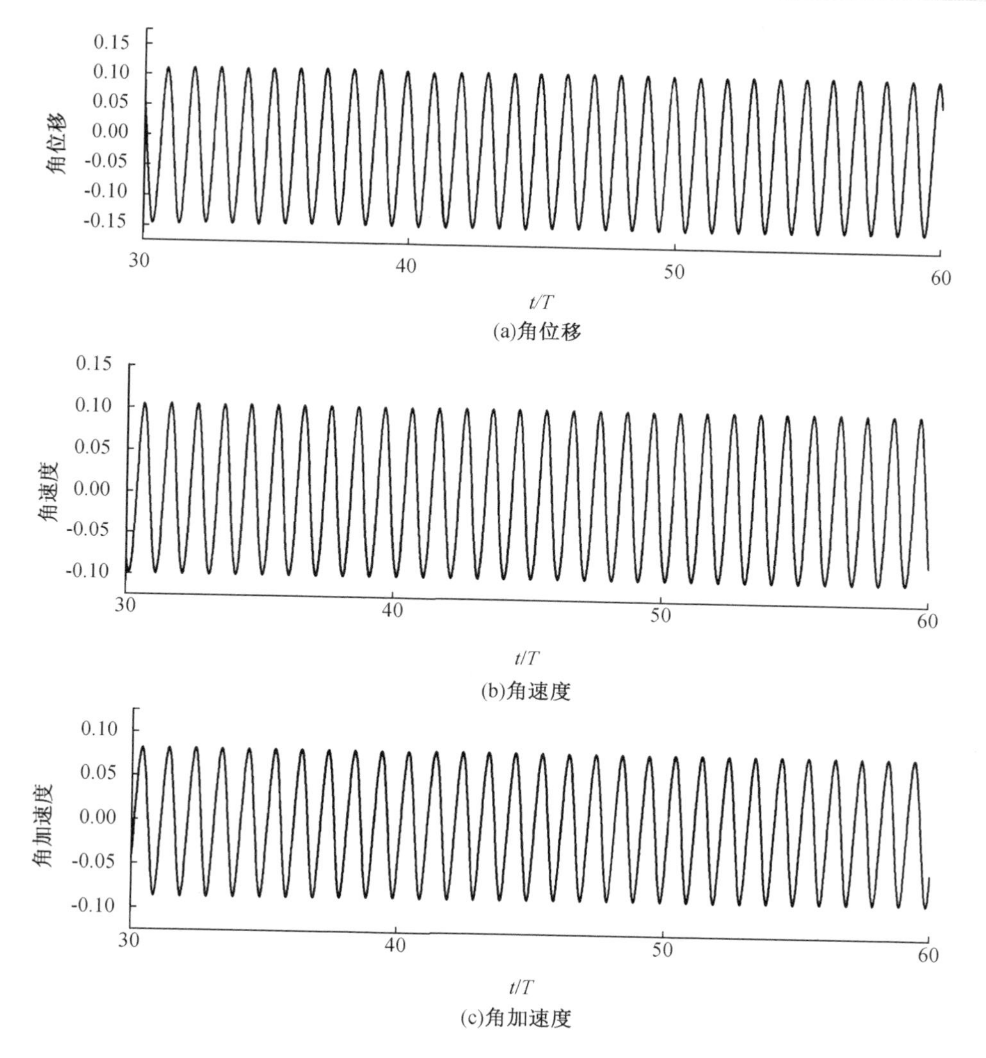

(a)角位移

(b)角速度

(c)角加速度

图 7.14　运动时历结果($\omega=0.8, H=0.2, \omega_n=0.5$)

在图 7.15 和图 7.16 中,入射波的波高被进一步提高到 0.5,入射波频率 ω 仍然取为 0.5 和 0.8。运动时历结果在 15 个周期以后可以达到稳定。但是稳定后的时历结果表现出明显的非线性特性。例如,时历结果出现了明显的包络线,入射波频率为 0.5 的包络线周期大概为 20 T。入射波频率为 0.8 的包络线周期大概为 10 T,但是频率为 0.8 的包络不是特别明显。一般来说,包络周期为波浪频率和固有频率之差值频率对应的周期。也就是说,固有频率和波浪频率越接近,包络周期就越长,当固有频率和波浪频率完全相等时,包络周期为无限长,那么时历结果曲线将不会显示包络。在图 7.15 中,虽然调节固有频率和波浪频率相等,但是由于非线性的影响,两者之间必然会出现出现偏差,因此出现了图 7.15 中的包络现象。观察图 7.15(c)的加速度时历结果,发现一个周期内的时历结果出现了振荡现象,这也是非线性的一种表现。这种非线性现象会引起波能转换效率的降低。

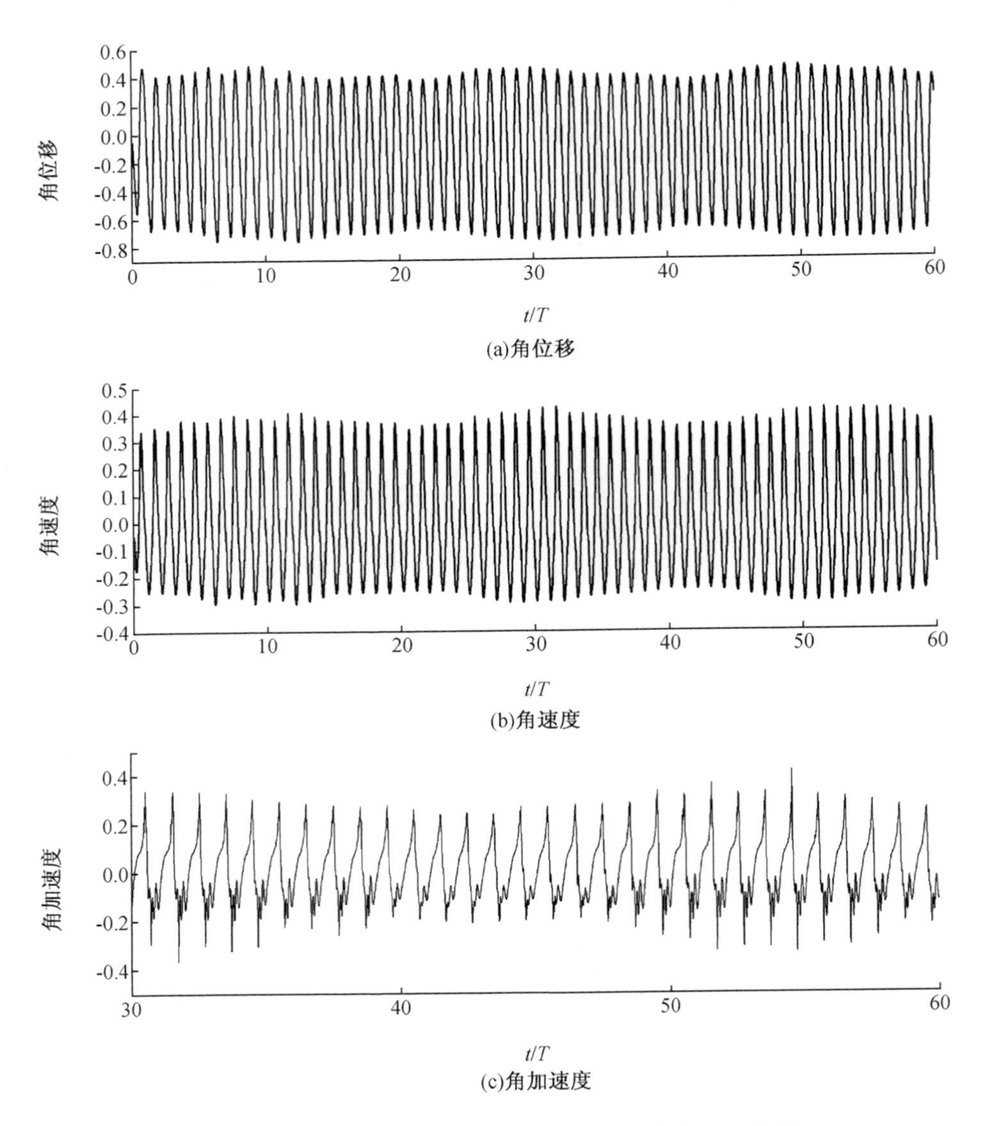

图 7.15　波能板运动时历结果($\omega=0.5, H=0.5, \omega_n=0.5$)

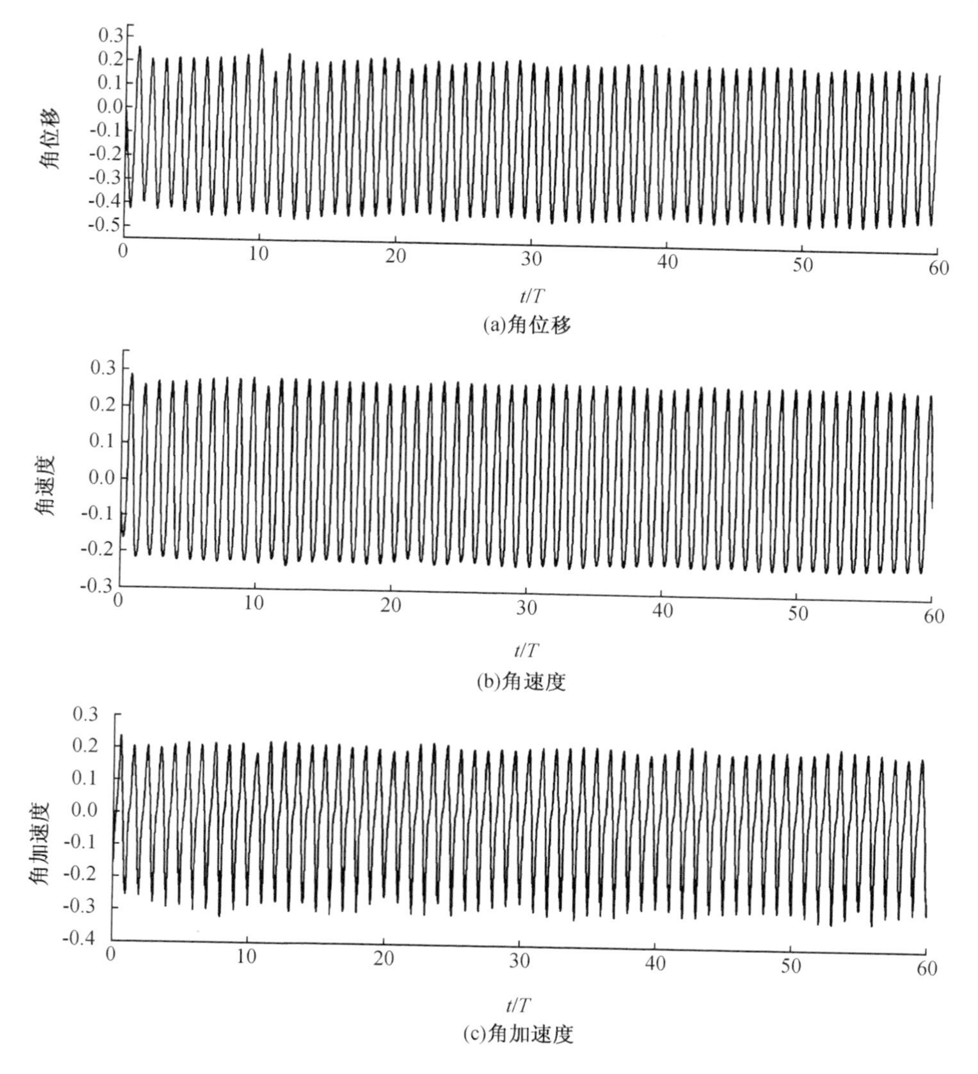

(a)角位移

(b)角速度

(c)角加速度

图 7.16　运动时历结果($\omega = 0.8, H = 0.5, \omega_n = 0.5$)

7.3　Waveroller 波能转换装置

7.3.1　Waveroller 的设计

芬兰职业潜水员 Rauno Koivusaari 在搜索一个沉船时发现，一块非常重的而且平的船体残片在海洋波浪作用下前后摆动。这是 Waveroller 设计思想的起源。自此以后，Waveroller 波能转换装置经历了多个周期的原型设计，并且在实验室完成了测试工作。随后进行高度复杂的建模和数值模拟，最后部署测试设备，完成在实际海洋环境中的测试工作。

Waveroller 波能转换装置的设计为底部铰接于海底，顶部不穿透自由表面的平板，如图 7.17 所示。为了最大化 Waveroller 平板从波浪能中吸取的能量，波能板一般安装于 8 m ~ 20 m 的近海中，在这一深度波涌或者波浪的水平速度是最强的。从高度上，波能板从海床开始几乎贯穿了整个水体，但没有穿透自由表面。这种设计有两方面的优点：一方面，不会影响海洋景观；另一方面，由于波能板不穿透水面，不需要考虑砰击压力的影响。

当 Waveroller 波能板通过机械运动从海洋波浪中获取能量时，连接到波能板的水利活塞泵在一个封闭回路里泵压液压流体。液压回路的所有元素都封闭在一个闭合的结构内部，而不会暴露于海洋环境之中，因此不存在流体泄漏的危险。高压流体最后被注入到一个传统的液压马达以产生电能。这个设计思想与 Oyster 能量输出系统的设计思想一致。

图 7.17 Waveroller 模型

7.3.2 Waveroller 数学模型与坐标系定义

图 7.18 给出了有限水深波浪中 Waveroller 波能转换装置数学模型。波能转化装置吸收波能的主体为一有限长度的二维板，顶部在自由面以下。波能板在波浪作用下绕着固定支座的支撑点旋转。板的底端是一个半圆，圆心和支座支撑点重合。定义笛卡儿直角坐标系 $O-xy$，原点 O 设置在半圆圆心或转动中

心。x 方向为水平方向，y 方向竖直向上。图中的 γ 为 y 轴与波能板中心线的夹角。角速度 $\Omega(t)$ 为角度 $\gamma(t)$ 关于时间 t 的导数，逆时针方向为正。水深为 d，从旋转中心到波能板顶部的高度为 h。l_2 为波能板顶部到平均水面的距离，l_1 为波能板旋转中心到水底的距离。

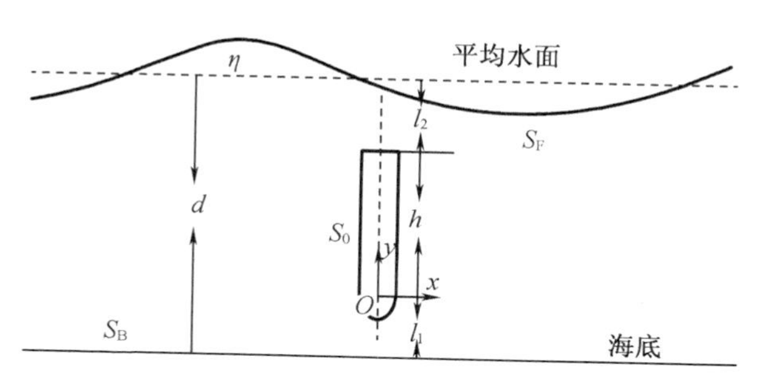

图 7.18　Waveroller 数学模型

Waveroller 的坐标系定义，运动模式，无因次化方法与 Oyster 类似，它的数值计算过程与 Oyster 完全相同，本节将不再赘述。图中的 Waveroller 模型是在 Oyster 模型的基础上加以修改得到的。本节仍然选取水密度 ρ，重力加速度 g 和旋转中心到波能板顶部的高度 h 作为无因次化的特征尺度。旋转中心到波能板顶部的高度 h 为 0.205 m，无因次以后为 1.0。l_1 为 0.06425 m，l_2 为 0.1025 m，水深 d 为 0.37175 m，无因次后的结果分别为 0.313，0.5，1.813。本节参考 Oyster 缩尺模型设置 Waveroller 的一些重要参数。质量 m 为 7.27 kg，质心高度 y_c 为 0.1324 mm，波能板板厚 B 为 0.0875 m，绕支座中心的旋转转动惯量 I 为 0.1147 kgm^2。无因次化以后，质量 m，质心 y_c，板厚 B，转动惯量 I 的无因次结果分别为 0.153，0.646，0.427，0.063。

7.3.3　Waveroller 的水动力系数

根据第 6 章的时域求解方法，本节 Waveroller 的附加质量和阻尼系数在图 7.19 中给出。附加质量 a_z 基本符合线性变化规律，频率越大，附加质量越小。阻尼系数 b_z 随频率的增大而增加，当频率增加到一定程度时，阻尼系数 b_z 将不再增大。Waveroller 和 Oyster 的外形和尺寸完全相同，两者的水动力系数的变化规律类似。从数值上看，两个装置的附加质量差别不大，但是 Waveroller 阻尼系数要远远小于 Oyster 的阻尼系数。也就是说，在共振情况下，$\omega=\omega_n$，惯性力和恢复力相互抵消，阻尼系数较小的 Waveroller，运动幅值会更大。而非线性与运动幅值相关，因此 Waveroller 的非线性效应会更加显著。

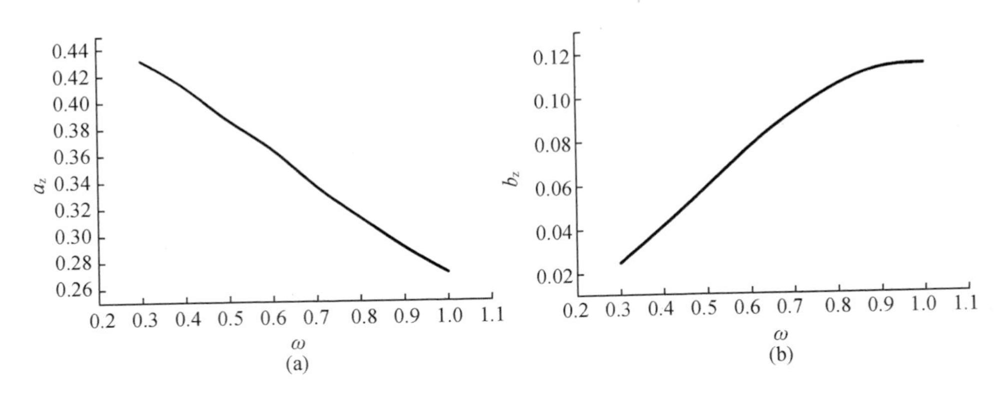

图 7.19　Waveroller 水动力系数

7.3.4　Waveroller 的效率分析

1. 能量输出系统机械参数的设计

本章首先对 Waveroller 能量输出系统进行研究，首先给定一个频率 ω 为 0.6 的入射波，改变能量输出系统的机械参数 a_{pto}，b_{pto} 和 c_{pto} 来研究能量输出系统参数的影响。由图 7.19 可见，入射波频率 $\omega=0.6$ 对应的附加质量和辐射阻尼系数分别为 0.3638 和 0.0775。与第 4 章 Oyster 类似，为了获得最优的能量吸收速率 E_{P}，设置能量输出系统的机械阻尼系数 b_{pto} 为最优阻尼系数 b_{opt}。当自然频率或固有频率 ω_n 与波浪频率 ω 接近时，能量吸收速率 E_{P} 可以达到极大值。为了验证 Waveroller 是否也满足以上两条规律。令 $b_{\mathrm{pto}}=\nu b_{\mathrm{opt}}$，其中 ν 是系数。设置 $a_{\mathrm{pto}}=0$，通过调整系数 c_{pto} 以改变固有频率 ω_n。图 7.20 给出了在此机械参数设置下的运动幅值 γ_0，能量吸收速率 E_{P} 和效率 R 随固有频率 ω_n 的变化。选取的入射波波高为 $H=0.05$，由于波高较小，非线性现象不明显。

图中的机械阻尼系数 ν 分别被设置为 0.5，1.0 和 1.5。没有考虑系数 $\nu=0$ 的情况，这是由于 $\nu=0$ 时，系统的机械阻尼 b_{pto} 也为 0，此时，运动幅值 γ_0 可以达到最大值。然而，由于机械阻尼 b_{pto} 为 0，最大的运动幅值并不会使波能转换装置获取任何能量。根据公式(6.2)可知，当系数 $\nu=0$ 或者机械阻尼 $b_{\mathrm{pto}}=0$ 时，能量吸收速率 $E_{\mathrm{P}}=0$。这就意味着波能板从波浪获取的机械能会再次返回到入射波中。为了使波能转换装置获取能量，系数 ν 的选择必须大于 0。可以看到，随着 ν 的增大，机械阻尼 b_{pto} 随之增大，运动幅值逐渐变小。然而，能量吸收速率 E_{P} 则是先变大后变小。这样的结果可以从图 7.20(b) 中的 E_{P} 曲线获知。当 $\nu=1$ 时，机械阻尼系数 b_{pto} 与最佳阻尼系数 b_{opt} 相等，E_P 达到最大值。在每个给定的机械阻尼系数 ν 下，γ_0 和 E_{P} 都是在固有频率与波浪频率近似相等时，或 $\omega_n \approx \omega$ 时，达到最大值，这种现象为共振现象。综上所述，在线性理论范围内，最大的能量输出速率 E_{P} 发生在 $\omega_n \approx \omega$ 和 $b_{\text{pto}} = b_{\text{opt}}$ 同时满足的时候。图 7.20(c) 给出了 7.20(a) 和(b) 对应的效率变化，由于入射波是给定的，图 7.20(b) 和(c) 中曲线变化规律是一致的。图 7.20(c) 给出了线性频域结果与小波高条件下线性时域结果的对比情况，如图所示，频域结果与时域结果在走向上完全吻合，在数值上接近，这也间接印证了本章的数值结果是准确的。

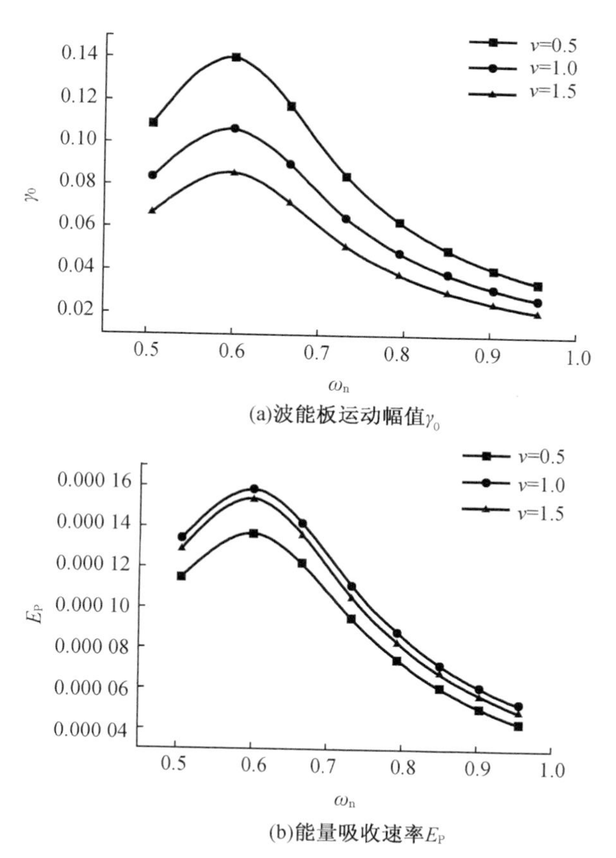

图 7.20　不同 b_{pto} 条件下数值结果随固有频率 ω_n 的变化($H=0.05$，$a_{\text{pto}}=0$，$\omega=0.6$)

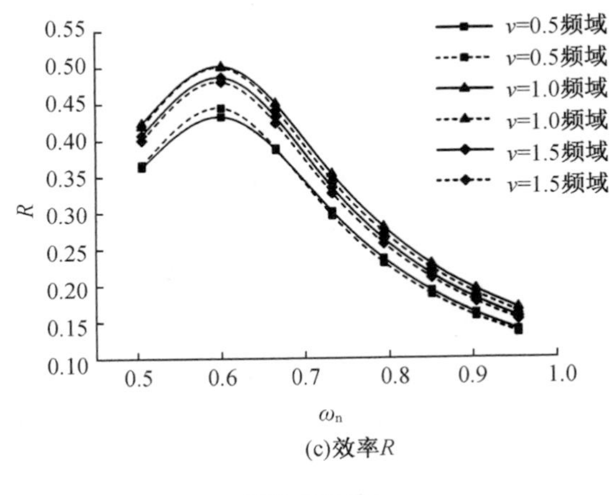

(c)效率R

图 7.20(续)

下面考虑波高 H 的影响。根据线性理论,运动幅值 γ_0 与波高 H 是线性关系,能量吸收速率 E_P 与 H^2 成线性关系,而效率 R 与波高 H 是无关的。换句话说,γ_0 和 E_P 都会随着 H 的增加而增加,并且 γ_0/H 和 E_P/H^2 为常数,效率 R 不会随着 H 的变化而发生改变。图 7.21 给出了不同波高 H 的条件下 $\gamma_0/H,E_P/H^2$ 和效率 R 随固有频率 ω_n 的变化情况。入射波频率 ω 被设置为 0.6,固有频率 ω_n 变化范围大概在 0.5 和 0.95 之间。选取的波高分别为 0.05,0.2 和 0.5。波高 H 为 0.05 对应的是线性时域情况,理论上应该和线性频域结果吻合,图 7.21(c)中 $H=0.05$ 的效率曲线证实了这一结论。当共振条件 $\omega=\omega_n$ 满足时,$\gamma_0/H,E_P/H^2$ 和效率 R 在波高 $H=0.05$ 的条件下均可达到最大值。然而随着波高的增加,由于非线性的影响,这一规律逐渐被打破。当 $H=0.5$ 时,从 E_P/H^2 和效率 R 的曲线中已经看不出明显峰值。随着 H 的增大,γ_0/H 和 E_P/H^2 快速减小,效率 R 大幅度降低。对比波高 $H=0.05$ 和 0.5 的效率曲线,可以发现由波高增大所降低的效率可以达到一半。

2. 不同入射波激励下 Waveroller 的效率

图 7.22 给出了在不同波高 H 下 $\gamma_0/H,E_P/H^2$ 和效率 R 关于入射波频率 ω 的变化。将固有频率 ω_n 设置为 0.6,通过设置机械系数 $c_{pto}=0.045$ 和 $a_{pto}=0$ 来实现固有频率的调整。入射波频率为 0.6 时所对应的阻尼系数 $b_{pto}=0.0775$,这也是满足共振条件 $\omega_n=\omega$ 的最佳机械阻尼系数。入射波的波高 H 分别被设置为 0.05,0.2 和 0.5。非线性效应随着波高的增加而越来越显著,如图 7.22 所示,由于非线性的作用,理论上为常数的 $\gamma_0/H,E_P/H^2$ 和效率 R 都随着波高的增加而降低,并且降低幅度非常明显。在图 7.22(c)中,波高为 $H=0.05$ 的效率 R 与线性频域结果基本重合,当波高 H 由 0.05 变化到 0.5 时,效率 R 几

乎是减半。随着波高的增加,共振现象也发生了一些变化。当波高 $H=0.05$ 且波浪频率 $\omega=0.6$ 时,满足微幅波情况下的共振条件 $\omega=\omega_n$,效率 R 为 50% 左右,为对称剖面物体能达到的效率最大值。当入射波为微幅波 $H=0.05$ 时,时域理论给出的效率 R 与频率理论结果基本重合。此时,非线性影响极小,波能转换装置的效率 R 满足线性频域变化规律。随着波高 H 的增加,峰值频率 ω 慢慢偏离固有频率 $\omega_n=0.6$,并且向右移动。当波高 H 增加到 0.5 时,峰值频率 ω 移动到 0.7 的位置。简而言之,非线性会使系统的共振条件发生一定改变。

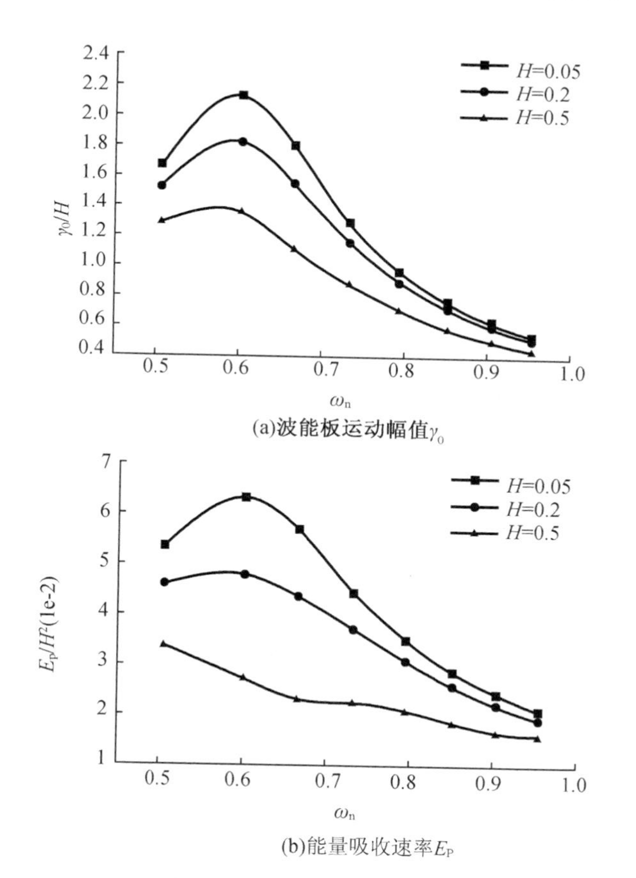

(a)波能板运动幅值 γ_0

(b)能量吸收速率 E_P

图 7.21 不同波高 H 条件下数值结果随固有 ω_n 的变化($a_{pto}=0,\omega=0.6,b_{pto}=b_{opt}$)

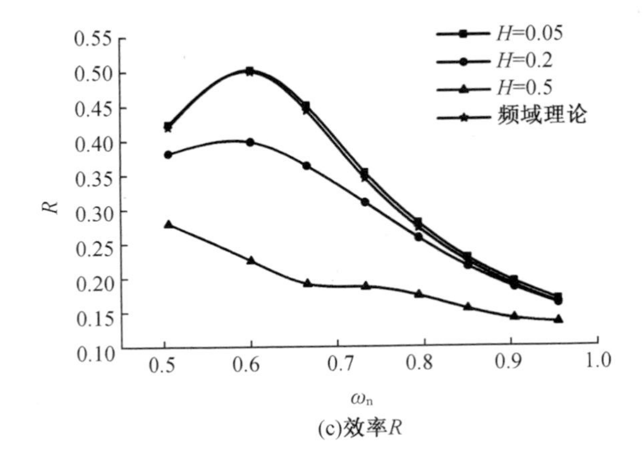

图 7.21(续)

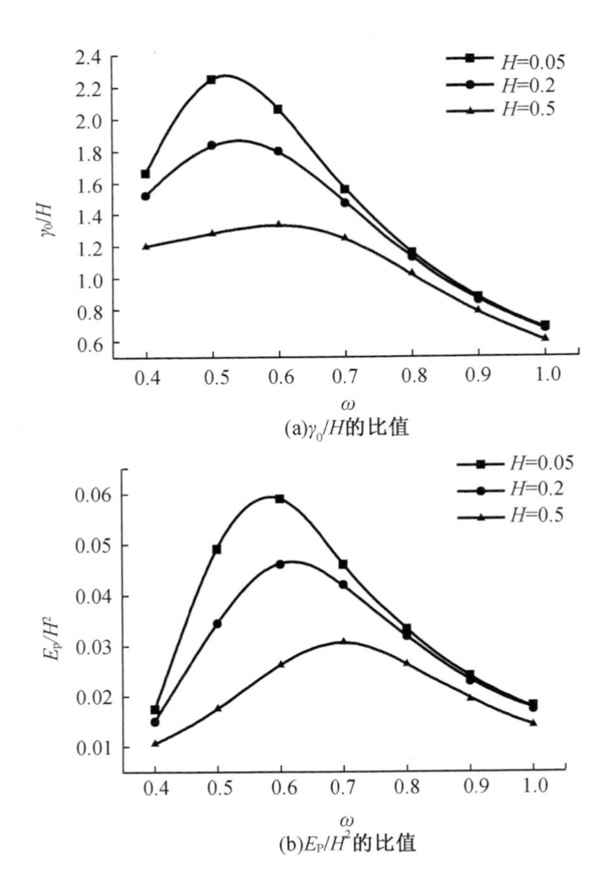

图 7.22　不同波高 H 的情况下结果随 ω 的变化($a_{pto}=0$, $b_{pto}=0.0775$, $c_{pto}=0.045$)

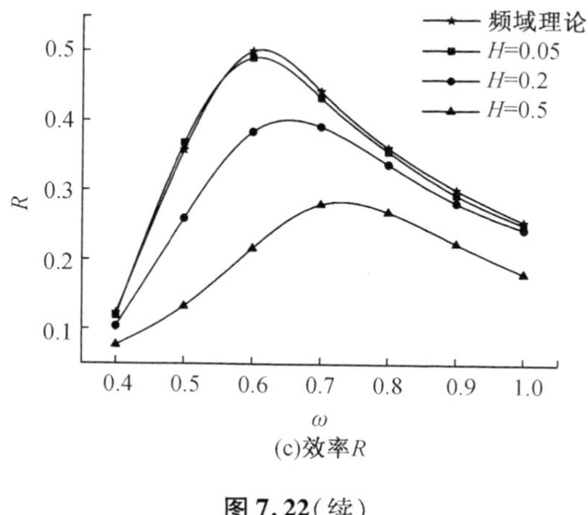

(c)效率R

图7.22(续)

7.4 本章小结

本章基于势流理论,采用完全非线性时域方法和线性频域方法,研究了近海波能转换装置Oyster和Waveroller的效率与特性,并且得到以下结论。

(1)波能转换装置能量输出系统机械阻尼系数的选择以及系统固有频率与波浪频率之间的差距极大地影响了波能吸收的效率。机械阻尼系数b_{pto}越接近于最优阻尼系数b_{opt},或者固有频率ω_n与波浪频率ω越接近,能量转化效率就越大。基于线性理论,在共振条件$\omega=\omega_n$得到满足时,并且机械阻尼为最优阻尼$b_{pto}=b_{opt}$时,进行单自由度运动的对称剖面波能转换装置可以达到的理论最大效率为50%。当受到非线性的影响时,这一限制在某些情况下会被打破。

(2)在Oyster和Waveroller的设计过程中,可以调和固有频率与波浪的特征频率相匹配,以达到最大效率。然而,当实际海况发生改变时,波浪频率与波能转换装置的固有频率发生偏离,能量转化效率会逐渐降低,并且两个频率差别越大,效率降低越显著。因此保证波能转换装置在一定宽度的入射波频率范围内有效也很重要。

(3)由时历结果分析可知,非线性作用不仅与入射波波幅有关,还与装置运动幅度有关。入射波波幅越大或者装置运动幅值越大,非线性影响越显著。对比相同外形设计的Waveroller和Oyster,Waveroller的辐射阻尼系数要小很多。因此,在相同的入射波激励下,Waveroller的运动幅值更大,非线性影响更加显著。在非线性影响下,全部淹没于近海中的Waveroller比顶部穿透自由面的Oyster效率降低更加明显,但是Waveroller在近海景观保护和避免砰击效应方面更加有优势。

(4)在浅水中,由于海底摩擦以及波浪破碎的作用,入射波波能随着水深的减小会有些损失。但是从深海到近海,存在“滩浅影响”。水深越浅,波浪流体质点的水平运动速度就越大。由于波能板的运动形式为摇摆运动,波浪的水平运动直接决定着波能板受到的旋转力矩的大小。水平速度越大,波能板受到的旋转力矩也就越大,波能板的运动幅值也随之增大,转化的机械能就越多。波能转换装置在近海中增加的机械能会弥补深海到近海的波能损失,因此装置实际获取的波能不会减少。

参考文献

[1] 沈利生,张育斌. 海洋波浪能发电技术的发展与应用[J]. 能源研究与管理, 2010(4): 55-58.

[2] KERR D. Marine energy [J]. Philosophical Transactions of the Royal Society A, 2007, 365: 971-992.

[3] 肖文平. 摆式波浪发电系统建模与功率控制关键技术研究[D]. 广州: 华南理工大学, 2007.

[4] 黄良民. 中国海洋资源与可持续发展/中国可持续发展总纲(第8卷)[M]. 北京: 科学出版社, 2007.

[5] 刘臻. 岸式振荡水柱波能发电装置的试验及数值模拟研究[D]. 青岛: 中国海洋大学, 2008.

[6] SALTER S. Wave power [J]. Nature, 1974, 249: 720-724.

[7] HARLIERR R H, JUSTUP J R. Ocean energies: environmental, economic, and technological aspects of alternative power sources [J]. Dynamics of Atmospheres and Oceans, 1994, 21: 218-219.

[8] DALTON G J, ALCORN R, LEWIS T. Case study feasibility analysis of the Pelamis wave energy converter in Ireland, Portugal and North America [J]. Renewable energy, 2010, 35: 443-455.

[9] BUDAL K, FALNES J. A resonant point absorber of ocean - wave power [J]. Nature, 1975, 256: 478-479.

[10] BUDAL K, FALNES J. Wave - power conversion by point absorbers [J]. Norwegian Maritime Research, 1978, 6: 2-11.

[11] EVANS D V. A theory for wave - power absorption by oscillating bodies [J]. Journal of Fluid Mechanics, 1976, 77: 1-25.

[12] EVANS D V. Maximum wave - power absorption under motion constraints [J]. Applied Ocean Research, 1981, 3: 200-203.

[13] VALÉRIO D, BEIRAO P, COSTA J S. Optimisation of wave energy extraction with the Archimedes Wave Swing [J]. Ocean Engineering, 2007, 34: 2330-2344.

[14] KOFOED J P, FRIGAARD P, FRIIS M E, et al. Prototype testing of the wave energy converter wave dragon [J]. Renewable Energy, 2006, 31: 181 –189.

[15] HOTTA H, WASHIO Y, YOKOZAWA H, et al. R&D on wave power device "Mighty Whale" [J]. Renewable Energy, 1996, 9: 1223 –1227.

[16] HEATH T V. Chapter 334 – The development and installation of the Limpet wave energy converter [C]. World Renewable Energy Congress VI, Brighton, UK, 2000.

[17] BOZORGI A, JAVIDPOUR E, RIASI A, et al. Numerical and experimental study of using axial pump as turbine in Pico hydropower plants [J]. Renewable Energy, 2013, 53: 258 –264.

[18] FOLLEY M, ELSAESSER B, WHITTAKER T. Analysis of the wave energy resource at the European Marine Energy Centre [J]. Coasts, Marine Structures and Breakwaters: Adapting to change, 2010, 1: 660 –669.

[19] HENRY A, KIMMOUN O, NICHOLSON J, et al. A two dimensional experimental investigation of slamming of an oscillating wave surge converter [C]. Proceedings of the twenty – fourth International Ocean and Polar Engineering conference, Busan, Korea, 2014.

[20] FOLLEY M, WHITTAKER T J T, HENRY A. The effect of water depth on the performance of a small surging wave energy converter [J]. Ocean Engineering, 2007, 34: 1265 –1274.

[21] WHITTAKER T, FOLLEY M. Nearshore oscillating wave surge converters and the development of Oyster [J]. Philosophical Transactions of the Royal Society A, 2012, 370: 345 –364.

[22] FOLLEY M, WHITTAKER T, HOFF J. The design of small seabed – mounted bottom hinged wave energy converters [C]. Proceedings of the Seventh European Wave and Tidal Energy Conference, Porto, Portugal, 2007.

[23] 彭建军. 振荡浮子式波浪能发电装置水动力性能研究 [D]. 济南: 山东大学, 2014.

[24] 马哲. 振荡浮子式波浪发电装置的水动力性能研究 [D]. 青岛: 中国海洋大学, 2013.

[25] EATOCK T R, HUNG S M. Second order diffraction forces on a vertical cylinder in regular waves [J]. Applied Ocean Research, 1987, 9(1): 19 –30.

[26] CHEN X B, MOLIN B, PETITJEAN F. Numerical evaluation of the

springing loads on tension leg platforms [J]. Marine structures, 1995, 8(5): 501 -524.
[27] KIM M H, YUE D K P. The complete second - order diffraction solution for an asymmetric body. Part1: Monochromatic incident waves [J]. Journal of Fluid Mechanics, 1989, 200: 235 -264.
[28] EATOCK T R, CHAU F P. Wave diffracion theory - some developments in linear and nonlinear theory [J]. Journal of Offshore Mechanics and Arctic Engineering, 1992, 114: 185 -94.
[29] KIM M H, YUE D K P. The complete second - order diffraction solution for an asymmetric body. Part 2: Bochromatic incident waves and body motions [J]. Journal of Fluid Mechanics, 1990, 211: 557 -593.
[30] ADACHI H, OHMATSU S. On the influence of irregular frequencies in the integral equation solutions of the time - dependent free surface problems [J]. Journal of Engineering Mathematics, 1979, 146:97 -119.
[31] YEUNG R W. The transient heaving motion of floating cylinders [J]. Journal of Engineering Mathematics, 1982, 116: 97 -119.
[32] ZHANG L, DAI Y S. Time - domain solutions for hydrodynamics forces and moments acting on a 3 - D moving body in waves [J]. Journal of Hydrodynamics, 1993, 5(2): 110 -113.
[33] 刘应中，李谊乐，廖国平. 船舶在波浪中大幅运动的工程算法 [J]. 水动力学研究与进展，1995，10(2)：230 -239.
[34] 贺五洲. 水面舰艇迎浪航行时大幅运动预报的切片算法 [J]. 中国造船，1998，1(140)：42 -51.
[35] 张进丰，顾民，魏建强. 低干舷隐身船波浪中纵向运动的模型试验及理论研究 [J]. 船舶力学，2009，13(2)：169 -175.
[36] LONGUET H M S, COKELET E D. The deformation of steep surface waves on water. I. A numerical method of computations [J]. Proceedings of the Royal Society of London, 1976, 350(1660): 1 -27.
[37] 杨驰，刘应中. 非线性波浪绕射问题的数值计算 [J]. 水动力学研究与进展A辑，1991，6(2)：10 -15.
[38] YANG C, ERTEKIN R C. Numerical simulation of nonlinear wave diffraction by a vertical cylinder [J]. Journal of Offshore Mechanical and Arctic Engineering, 1992, 114: 36 -44.
[39] SANGITA M, DEBABRATA S. Time - domain wave diffraction of two - dimensional single and twin hulls [J]. Ocean Engineering, 2001, 28(6):

639 - 665.

[40] SANGITA M, DEBABRATA S. Nonlinear heave radiation forces on two - dimensional single and twin hulls [J]. Ocean Engineering, 2001, 28(8): 1031 - 1052.

[41] WU G X. Hydrodynamic force on a rigid body during impact with liquid [J]. Journal of Fluids and Structures, 1998, 12: 549 - 559.

[42] LU C H, HE Y S, WU G X. Coupled analysis of nonlinear intersection between fluid and structure during impact [J]. Journal of Fluids and Structures, 2000, 14: 127 - 147.

[43] SUN S L, WU G X. Oblique water entry of a cone by a fully three dimensional nonlinear method [J]. Journal of Fluids and Structures, 2013, 42: 313 - 332.

[44] WU G X, EATOCK TAYLOR R. Transient motion of a floating body in steep waves [C]. 11th Workshop on Water Waves and Floating Bodies, Hamburg, Germany, 1996.

[45] WU G X, EATOCK TAYLOR R. The coupled finite element and boundary element analysis of nonlinear interactions between waves and bodies [J]. Ocean Engineering, 2003, 30: 387 - 400.

[46] XU G D, WU G X. Hydrodynamics of a submerged hydrofoil advancing in waves [J]. Applied Ocean Research, 2013, 42: 70 - 78.

[47] WU G X. Fluid impact on a solid boundary [J]. Journal of Fluids and Structures, 2007, 23: 755 - 765.

[48] 叶其孝，沈永欢. 实用数学手册 [M]. 北京：科学出版社，2007.

[49] WANG C Z, WU G X. An unstructured - mesh - based finite element simulation of wave interactions with non - wall - sided bodies [J]. Journal of Fluids and Structures, 2006, 22: 441 - 461.

[50] FENTON J D. A fifth - order Stokes theory for steady waves [J]. Journal of Waterway, Port, Coastal and Ocean Engineering, 1985, 111: 216 - 234.

[51] SKJELBREIA L, HENDRICKSON J. Fifth order gravity wave theory [C]. Proceedings, 7 - th Coastal Engineering Conference, Hague, 1960: 184 - 197.

[52] FENTON J D. The numerical solution of steady water wave problems [J]. Computers & Geosciences, 1988, 14: 357 - 368.

[53] COOKER M J, PEREGRINE D H. Violent water motion at breaking - wave impact [J]. Coastal Engineering, 1990, 12: 164 - 177.

[54] NEWMAN J N. Marine Hydrodynamics [M]. Massachusetts: The MIT

Press, 1977.
[55] HOWISON S D, OCKENDON J R, WILSON S K. Incompressible water – entry problems at small deadrise angles [J]. Journal of Fluid Mechanics, 1991, 222: 215 – 230.
[56] FALTINSEN O M. Water entry of a wedge with Finite deadrise angle [J]. Journal of Ship Research, 2002, 46: 39 – 51.
[57] KOROBKIN A, GUÉRET R, M. Hydroelastic coupling of beam finite element model with Wagner theory of water impact [J]. Journal of Fluids and Structures, 2006, 22: 493 – 504.
[58] KOROBKIN A A. Second – order Wagner theory of wave impact [J]. Journal of Engineering Mathematics, 2007, 58: 121 – 139.
[59] DOBROVOL Z N. On some problems of similarity flow of fluid with a free surface [J]. Journal of Fluid Mechanics, 1969, 36: 805 – 829.
[60] ZHAO R, FALTINSEN O. Water entry of two – dimensional bodies [M]. Journal of Fluid Mechanics, 1993, 246: 593 – 612.
[61] SEMENOV Y A, IAFRATI A. On the nonlinear water entry problem of asymmetric wedges [M]. Journal of Fluid Mechanics, 2006, 547: 231 – 257.
[62] XU G D, DUAN W Y, WU G X. Numerical simulation of oblique water entry of asymmetrical wedge [J]. Ocean Engineering, 2008, 35: 1597 – 1603.
[63] WU G X. Numerical simulation of water entry of twin wedges [J]. Journal of Fluids and Structures, 2006, 22: 99 – 108.
[64] WU G X, SUN H, HE Y S. Numerical simulation and experimental study of water entry of a wedge in free fall motion. Journal of Fluids and Structures, 2004, 19: 277 – 289.
[65] XU G D, DUAN W Y, WU G X. Simulation of water entry of a wedge through free fall in three degrees of freedom [J]. Mathematical Physical & Engineering Science, 2010, 466: 2219 – 2239.
[66] FALTINSEN O M. Sea loads on ships and offshore structures [M]. Cambridge: Cambridge University Press, 1990.
[67] SUN H, FALTINSEN O M. The influence of gravity on the performance of planning vessels in calm water [J]. Journal of Engineering Mathematics, 2007, 58: 91 – 107.
[68] BAGNOLD R A. Interim report on wave – pressure research [J]. Proceedings of the Institution of Civil Engineers, 1939, 12: 201 – 227.
[69] TANIZAWA K, YUE D K P. Numerical computation of plunging wave

impact loads on a vertical wall. Part 2. The air pocket[C]. Proceedings of 7th International Workshop on Water Waves and Floating Bodies, Val de Reuil, France, 1992.

[70] ZHANG S, YUE D K P, TANIZAWA K. Simulation of plunging wave impact on a vertical wall[J]. Journal of Fluid Mechanics, 1997, 327: 221 - 254.

[71] DUAN W Y, XU G D, WU G X. Similarity solution of oblique impact of wedge - shaped water column on wedged coastal structures[J]. Coastal Engineering, 2009, 56: 400 - 407.

[72] HATTORI M, ARAMI A, YUI T. Wave impact pressure on vertical walls under breaking waves of various types[J]. Coastal Engineering, 1994, 22: 79 - 114.

[73] SONG B Y. Fluid/structure impact with air cavity effect[D]. London: University College London, 2015.

[74] KHABAKHPASHEVA T I, WU G X. Coupled compressible and incompressible approach for jet impact onto elastic plate[C]. Proceedings of 22th Workshop on Water Waves and Floating Bodies, Plitvice, Croatia, 2007.

[75] WU G X. Initial pressure distribution due to jet impact on a rigid body[J]. Journal of Fluids and Structures, 2001, 15: 365 - 370.

[76] SUN S Y, SUN S L, WU G X. Oblique water entry of a wedge into waves with gravity effect[J]. Journal of Fluids and Structures, 2015, 52: 49 - 64.

[77] COOKER M J. Sudden changes in a potential flow with a free surface due to impact[J]. The Quarterly Journal of Mechanics & Applied Mathematics, 1996, 49: 581 - 591.

[78] ZHOU B Z, WU G X. Resonance of a tension leg platform exited by third - harmonic force in nonlinear regular waves[J]. Philosophical Transactions of the Royal Society A, 2015, 373: 1 - 20.

[79] HENRY A, ABADIE T, NICHOLSON J, et al. The vertical distribution and evolution of slam pressure on an Oscillating Wave Surge Converter[C]. Proceedings of the 34th International Conference on Ocean, Offshore and Arctic Engineering, St. John's, Newfoundland, Canada, 2015.

[80] WEI Y, ABADIE T, HENRY A, et al. Wave Interaction with an Oscillating Wave Surge Converter, Part II: Slamming[J]. Ocean Engineering, 2016, 113: 319 - 334.

[81] WU G X, EATOCK TAYLOR R. Time stepping solutions of the two - dimensional nonlinear wave radiation problem[J]. Ocean Engineering, 1995, 22: 785 - 798.

[82] WANG P, YAO Y T, TULIN M P. An efficient numerical tank for non - linear water waves, based on the multi - subdomain approach with BEM [J]. International Journal for Numerical Methods in Fluids, 1995, 20: 1315 - 1336.

[83] DAGAN G, TULIN M P. Two - dimensional free - surface gravity flow past blunt bodies [J]. Journal of Fluid Mechanics, 1972, 51: 529 - 543.

[84] DIAS F, VANDEN B J M. Nonlinear bow flows with spray [J]. Journal of Fluid Mechanics, 1993, 255: 91 - 102.

[85] SEMENOV Y A, WU G X. The nonlinear problem of a gliding body with gravity [J]. Journal of Fluid Mechanics, 2013, 727: 132 - 160.

[86] SEMENOV Y A, WU G X, OLIVER J M. Splash jet generated by collisions of two liquid wedges [J]. Journal of Fluid Mechanics, 2013, 737: 132 - 145.

[87] CONTENTO G, CODIGLIA R, D' ESTE F. Nonlinear effects in 2D transient nonbreaking waves in a closed flume [J]. Applied Ocean Research, 2001, 23: 3 - 13.

[88] ALIABADI F H, GHADIMI P, DJEDDI S R, et al. 2 - D numerical wave tank by boundary element method using different numerical techniques [J]. Global Journal of Mathematical Analysis, 2013, 1: 11 - 21.

[89] LIGHTHILL J. Waves in Fluids [M]. Cambridge: Cambridge University Press, 1978.

[90] MEI C C. The applied dynamics of Ocean surface waves [M]. Singapore: World Scientific Publishing Co Pte Ltd, 1983.

[91] MEI C C. Hydrodynamic principles of wave power extraction [J]. Philosophical Transactions of the Royal Society A, 2012, 370: 208 - 234.

[92] ERIKSSON M, ISBERG J, LEIJON M. Hydrodynamic modelling of a direct drive wave energy converter [J]. International Journal of Engineering Science, 2005, 43: 1377 - 1387.

[93] EVANS D V, PORTER R. Wave energy extraction by coupled resonant absorbers[J]. Philosophical Transactions of the Royal Society A, 2012, 370: 315 - 344.

[94] CROWLEY S, PORTER R, EVANS D V. A submerged cylinder wave energy converter [J]. Journal of Fluid Mechanics, 2013, 716: 566 - 596.